农作物保护性耕作与

高产栽培新技术

◎卜 祥 姜 河 赵明远 主编

中国农业科学技术出版社

图书在版编目（CIP）数据

农作物保护性耕作与高产栽培新技术 / 卜祥，姜河，赵明远主编. —北京：中国农业科学技术出版社，2020.10

ISBN 978-7-5116-4949-2

Ⅰ.①农… Ⅱ.①卜…②姜…③赵… Ⅲ.①作物-资源保护-土壤耕作②作物-高产栽培-栽培技术 Ⅳ.①S341②S31

中国版本图书馆 CIP 数据核字（2020）第 154813 号

责任编辑 王惟萍
责任校对 马广洋

出 版 者 中国农业科学技术出版社
北京市中关村南大街 12 号 邮编：100081
电　　话 (010)82106625(出版中心) (010)82109702(发行部)
(010)82109709(读者服务部)
传　　真 (010)82106650
网　　址 http://www.castp.cn
经 销 者 各地新华书店
印 刷 者 北京富泰印刷有限责任公司
开　　本 850mm×1 168mm 1/32
印　　张 7.5
字　　数 216 千字
版　　次 2020 年 10 月第 1 版 2020 年 10 月第 1 次印刷
定　　价 39.80 元

《农作物保护性耕作与高产栽培新技术》

编　委　会

前　言

保护性耕作是指通过少耕、免耕、地表微地形改造技术及地表覆盖、合理种植等综合配套措施，减少农田土壤侵蚀，保护农田生态环境，并获得生态效益、经济效益及社会效益协调发展的可持续农业技术。

农作物栽培技术在我国的研究与应用有着十分重要的意义，我国人口众多且可利用的耕地较少，加大了我国农业生产和粮食供应的压力，探究高产栽培技术是提高农作物产量的重要途径。

本书由保护性耕作和高产栽培两个部分组成。第一章至第五章为保护性耕作部分，介绍了农田保护性耕作技术概述、保护性耕作原理与效益、保护性耕作中采用的关键技术措施、保护性耕作农机具、农作物秸秆综合利用技术等内容。第六章至第十六章为高产栽培部分，介绍了作物栽培的主要环节及技术。该部分分别介绍了小麦、玉米、水稻、棉花、大豆、花生、油菜、马铃薯、甘薯、谷子、高粱的栽培技术。全书围绕新技术、新模式展开介绍，充分体现了科学性、生产性、实用性和针对性的特点。本教材深浅适度、理实结合、重点突出、实用性强，可作为种植类专业学生的教材，也可供农业科技工作者参考。

编　者

2020 年 3 月

前　言

目 录

第一章　农田保护性耕作技术概述

第一节　农田保护性耕作的基本概念

一、保护性耕作概念的多样性

保护性耕作起源于20世纪50年代的美国，被称为农业耕作制度的一场革命。在中国，“保护”一词含有不采取某种行为的意思，这也是很多将保护性耕作等同于少、免耕的主要原因。保护性耕作这一术语均包含了两部分内容，即保护性（conservation）和耕作（tillage）两层含义，因此，保护性耕作不同于保护地设施，地膜、温室等设施保护的对象是栽培物，保护性耕作显然不是要保护“耕作”行为本身，而是要保护水土资源。免耕的具体理解则是保护耕作行为本身，即不进行耕作。从这一目的出发，一切有利于水土保持的耕作措施均属于保护性耕作的范畴。一方面，我国劳动人民根据千百年来的生产实践因地制宜创造出的等高耕作、沟垄种植、草田轮作等耕作措施均应归到保护性耕作的范畴。另一方面，按照某些保护性耕作概念的定义，残茬覆盖应达到30%以上，则白菜、菠菜、芹菜等零茬作物是应该被禁止的，甘薯、花生、马铃薯、甜菜、萝卜等以收获块根或块茎为主的作物根本不可能实现保护性耕作，因为它们不但不能够实现残茬覆盖，而且还要尽量扰动土壤以尽可能彻底收获，但无论是生物多样性还是人类生存发展的需要，这些作物的种植又是不可或缺的。

由此，我们认为保护性耕作概念的多样性是合理的，保护性耕作措施的多样性也是必然并需深入研究的。保护性耕作概念的多样性反映了它的开放性和包容性，可以涵盖任何有利于水土保持的土壤耕作措施，也可以吸收异地的耕作模式加以应用，比起单纯的免耕、少耕，保护性耕作一词本身就很抽象，而它的多样性体现在各种具体的技术体系中。

二、保护性耕作概念的区域性

保护性耕作是相对于破坏性耕作或不适当耕作而言的，破坏性耕作或不适当耕作只是在某一重大事件之后才被认识到的，具有隐蔽性和长期性。我们有理由相信美国“黑风暴”悲剧之前，传统的耕作方式在当地农业生产中发挥了积极的作用，至少短期内这种耕作破坏性或不适当的方面未显露或还没造成严重的后果。同样，我国传统的精耕细作养育了中国五千年文明的事实，也证明精耕细作对农业生产发展起到了积极的作用，但日益严重的农田生态环境问题也表明了传统耕作的局限性。

精耕细作的传统不是一日形成的，保护性耕作的理念也不会一时就被接受，并且我国幅员辽阔，单一的耕作模式也不可能面面俱到，不能够满足各种需要。不同地域在气候条件、地形地貌、作物结构及土壤质地等方面都有很大差异，此地耕作技术并不一定适合彼地，且同一区域内土壤差别也很明显，因此，在进行保护性耕作研究中，不能以偏概全，要因地制宜寻求适合当地的耕作体系。

保护性耕作的主要作用涵盖了保护环境、减少水土流失、培肥地力、节约成本和增产增收等方面。不同国家的国情不同，推广应用保护性耕作的主要目的也不尽相同，曾有人分析了美国、加拿大、澳大利亚以及中国在应用保护性耕作背景后认为，不同国家采用保护性耕作的主要目的不尽相同，美国主要是为保护环境，加拿大为培肥地力，澳大利亚为减少水土流失，中国则为增产增收。因此，围绕不同目的，突出适合本国国情的保护性耕作概念的做法是可以理解和被接受的。

一种绝对的概念可能会限制它被应用的范围，而一种抽象的概念则可能会带给人们理念上的认知和思想上的改变，保护性耕作的概念正具有后一种效用。因为保护性耕作的形式多样，目前推广的免耕+秸秆覆盖是其主要的形式，农业农村部保护性耕作研究中心所进行的固定道保护性耕作试验研究同样属于保护性耕作的范围。各地的实际情况不同，应该发掘探索适合本区域的保护性耕作形式。

第二节　作物残茬覆盖

一、作物残茬覆盖对土壤水蚀和风蚀的影响

作物残茬覆盖地表，避免了降水对土壤的直接拍击，使土壤吸收降水的毛管保持畅通，增加了降水入渗，大大地减轻了降水径流，从而减少了土壤水蚀的发生。对于土壤风蚀而言，作物残茬覆盖地表，可以有效地降低大风对土壤破坏的能力，同时少耕、免耕措施的应用，可以增加土壤团聚体的稳定性，从而达到减少土壤风蚀的目的。

二、实现作物残茬覆盖的措施

秸秆堆积等会严重影响播种质量，需要对秸秆进行粉碎、撒匀处理。各地区由于条件不同，需要采取不同的秸秆处理方式。总的来说，秸秆的处理方法主要有以下几种。

一是秸秆粉碎覆盖。作物收获后，用秸秆还田机对作物残茬进行粉碎，使其细碎、均匀覆盖地表。二是整秆覆盖（直立秸秆）。在风沙较大的地区，收获后对秸秆不做任何处理，秸秆直立覆盖地表，播种时使用条带播种机或旋耕播种机一次完成秸秆切碎、播种、施肥、镇压等多道工序。三是根茬固土。在作物秸秆作为饲料养畜的地区，实行留茬固土。四是粉碎浅旋。在作物产量较高的地区，为了减少秸秆覆盖量，需要对作物残茬粉碎处理后进行地表浅旋处理，降低地表残茬覆盖水平，以保证播种作业的顺利进行。

第三节　保护性耕作土壤结构恢复原理

一、作物根系保持良好的土壤空隙

保护性耕作要求作物根茬存在于土壤之中。在土壤中的作物根系，产生大量孔道，可以进行水分入渗、运移和气体交换。采用免耕措施时间愈长，孔道累积愈多，对作物生长愈有利。但经过翻耕，这些孔道就会被破坏。所以，实施保护性耕作切忌翻耕。

二、微生物活动改善土壤结构

由于土壤长期免耕、少耕和植物大量根系的保留，为土壤中已有的蚯蚓、微生物等生物活体生存繁衍提供了适宜的条件。蚯蚓在土壤中不断地制造孔道，这些孔道粗细适当，是很好的水、气、肥通道，有利于形成良好的耕层。根据中国农业大学测定，传统耕作小麦地没有蚯蚓，保护性耕作 6 年的麦田有蚯蚓 3～5 条/m^2，10 年以后有 10～15 条/m^2。澳大利亚昆士兰试验站 15 年对比试验，少耕和免耕地的蚯蚓数量分别为 33 条/m^2和 44 条/m^2，而传统耕作地只有 19 条/m^2。机械作业对蚯蚓有很强的杀伤性，从这一观点看，保护性耕作应尽可能采用免耕措施。

三、作物残茬还田改善土壤结构

作物残茬还田与土壤混合，土壤中微生物活跃，有利于耕层疏松、稳定，不容易在降水、灌水等影响下回实。保护性耕作由于有机质增多、耕作减少，有利于形成土壤的团粒结构。澳大利亚测试结果表明，保护性耕作 5 年的土地，土壤稳定团粒结构由 31%提高到 49%。由于土壤团粒结构增多，微孔隙增加，透气、透水性能明显改善。

由以上可以看出，保护性耕作营造适合作物生长的良好耕层的过程与传统耕作是完全不一样的。传统耕作依靠机械、物理的手段，改变土壤构造，创造作物生长需要的孔隙度，但由于机器压实、雨水拍击、降水或灌水引起的沉实，必须经常进行耕作，才能保持土壤疏松状态。保护性耕作的土壤恢复则是缓慢的、长期的过程。通过年复一年的积累，土壤孔道愈来愈多，团粒结构也愈来愈多。当然，由于保护性耕作营造良好的土壤结构是个长期的过程，至少要达到5年以上。在这个过程中，如果遇到机器压实、灌水沉实等情况，土壤板结的现象依然会出现，这时就需要进行深松来消除土壤板结。

第四节　保护性耕作对农作物产量的影响

一、增加作物产量的有利因素

保护性耕作有两方面对增产有利的因素，即增加土壤水分和提高土壤肥力。

（一）增加土壤水分

旱作农业一般不具备灌溉条件，土壤水分基本来自天然降水。雨水消耗分三部分：其一是径流消耗，它是指在降水的时候，雨水还没有入渗到地里，就以地表径流的形式流走了，是无用的损失。其二是地表蒸发，也是无效的损耗。其三是供给作物生长的有效耗水。根据测定，我国北方地区平地径流占降水的10%左右，坡地可以达到30%以上，蒸发占降水的60%~80%，是主要消耗，有效用水占10%~20%。要想增加有效水分，只能减少径流和蒸发。由于秸秆覆盖明显减轻了阳光直射地面，降低了风力直接吹拂地面，土壤里的水分蒸发也因此增加了阻隔层，降低了蒸发散失的速度，使蒸发减少。如前所述，保护性耕作的作物残茬覆盖作用减少降水地表径流可达56%，大大增强了土壤的降水入渗能力。

（二）提高土壤肥力

秸秆覆盖和减少耕作，有效地提高了土壤肥力，是构成保护性耕作增加产量的又一个重要方面。保护性耕作把大量秸秆通过覆盖的方式还田，直接增加了土壤有机质含量。中国农业大学在保护性耕作试验区对小麦田土壤肥力进行了比较测定，研究结果表明，土壤有机质含量每年增加0.05%~0.06%，速效氮5年共增加4.42mg/kg，约每年提高1.2%；速效钾5年共增加5mg/kg，约每年提高0.8%；速效磷略有降低，5年共减少1.04mg/kg，每年约下降2.4%。

二、增加作物产量的不利因素

保护性耕作也有影响作物产量的不利因素，主要有以下三方面。

（一）地温降低

保护性耕作由于作物残茬覆盖，土壤水分较多，地温相对较低，在气候较低、无霜期较短的地区，对播种后作物出苗产生不利影响。一般来说，免耕覆盖地温比不覆盖或表土疏松地地温偏低。

（二）播种质量不易保证

保护性耕作由于地表不平整、软硬不均匀、秸秆覆盖量过多或覆盖物分布不均匀等原因，会导致播种时播深不一致，种子分布不均匀，甚至出现缺苗断垄等质量问题，严重影响产量。为了降低不利影响，一方面要改进播种机性能，提高其适应能力；另一方面，播种前要检查地表状况，必要时进行秸秆粉碎、撒匀，耙地或浅松以减少残茬覆盖量，要疏松平整表土。

（三）杂草控制困难

翻耕有很好的消灭杂草作用，采用秸秆覆盖，免、少耕技术，一般要结合化学药剂来灭除杂草。由于杂草受秸秆遮盖，药液不易直接喷到杂草上，影响灭草效果。加上一些杂草用化学药剂效果不理想，因此，杂草处理难度较大。保护性耕作必须更仔细地观察杂草情况，制订除草方案，在一些地方，必须采用化学除草与人工、机械除草相结合的方法除草。

第二章 保护性耕作原理与效益

第一节 保护性耕作改善作物生长环境原理

水、肥、气、热是影响作物生长的四大环境因素，而四大因素主要是通过土壤作用于农作物。“保护性耕作”名称中的“保护”实际上就是通过保护性耕作技术的实施，对土壤及水、肥、气、热的影响，优化作物生长环境，实现农业生产的可持续发展，并进一步对整个生态环境的改善发挥作用。

一、保护性耕作的保水效益

在淡水资源利用方面，我国年总取用水量约为 5 500 亿 m^3，其中农业用水量占 3 800 多亿 m^3，约占年用水总量的 70%，所以淡水资源一直是农业生产得以持续发展的保障。

旱作农业没有灌溉，土壤水分基本来自天上降水，而雨水的消耗由 3 部分组成：第一是径流消耗，它是指降水及冰雪融水在重力作用下沿地表或地下流动的水流。按水流来源有降水径流和融水径流；按流动方式可分地表径流和地下径流，地表径流又分坡面流和河槽流；此外，还有水流中含有固体物质（泥沙）形成的固体径流，水流中含有化学溶解物质构成的离子径流等。在降水的时候，当降水强度超过土壤渗入强度时产生地表积水，并填蓄于大小坑洼，蓄于坑洼中的水渗入土壤或被蒸发。坑洼填满后即形成从高处向低处流动的坡面流。坡面流里有许多大小不等、时分时合的细流（沟流）向坡脚流动，当降水强度很大和坡面平整的条件下，可成片状流动。径流对农业生产来说是无用的损失。第二是地表蒸发，即水由液态或固态转变成气态，逸入大气中的过程。而蒸发量是指在一定时段内，水分经蒸发而散布到空中的量。通常用蒸发掉的水层厚度的毫米数表示，由于温度高，土壤中的水分以水蒸气的形式逃逸到空气中，造成土壤水分的减少。第三是入渗到土壤中的雨水，其中又分为两部分，一部分保留在较浅的土层，是供给作物生长的有效耗水；另一部分是渗入到深层，补充地下水。

二、保护性耕作对土壤质地的改善

（一）保护性耕作提高土壤肥力

秸秆覆盖和减少耕作，可有效地提高土壤肥力，实现土壤质地改善。

我国每年生产秸秆约6亿t，含氮300多万t，含磷70多万t，含钾近700万t，相当于我国目前化肥施用量的1/4以上，并且含有大量的微量元素及有机质。

（二）保护性耕作增加蚯蚓数量

保护性耕作主要依靠作物根系和蚯蚓等穿插疏松土壤，蚯蚓数量多少是土壤肥沃程度的重要标志。澳大利亚昆士兰试验站测定结果显示，实施保护性耕作15年后，少耕覆盖、免耕覆盖的蚯蚓数分别为33条/m^2和44条/m^2，而传统耕作是19条/m^2，原因是土壤含水量高，有机物质多，不翻耕土壤。传统翻耕地没有蚯蚓，而保护性耕作6年后的小麦地深松覆盖与免耕覆盖地分别为3条/m^2和5条/m^2，连续10年的免耕覆盖地，蚯蚓数量增加到10~15条/m^2。秸秆还田为土壤微生物的生命活动提供了丰富的有效能源，同时在微生物活动下秸秆不断进行腐解。所以，以秸秆覆盖为主要特征之一的保护性耕作能促进土壤微生物的活动，有利于土壤质地的改善。

第二节　保护性耕作节能节本原理

一、保护性耕作节能原理

保护性耕作实行免少耕一方面可以节约燃油等能源支出。以北京一年两熟冬小麦播种为例，传统作业需经过秸秆粉碎、施底肥、重耙、翻耕、轻耙碎土、镇压、播种共7项作业，而采用保护性耕作，仅需要秸秆粉碎、少（免）耕播种2项作业。减少了施底肥（人工撒施化肥）、重耙、翻耕、轻耙碎土和播前镇压等5项作业。作业耗油可节约50%以上。

保护性耕作节能的另一方面是由于保水性能好，对灌溉地区可节约一定的灌溉用能，如柴油、电等。但目前尚缺乏具体的数据。

二、保护性耕作节本原理

保护性耕作的节本原理主要体现在作业工序的减少，以北京一年两熟中冬小麦种植为例，传统作业需经过秸秆粉碎、施底肥、重耙、翻耕、轻耙碎土、镇压、播种、除草、田间管理和收获共10项作业，而采用保护性耕作，仅需要秸秆粉碎、少（免）耕播种、除草、田间管理和收获5项作业。减少了施底肥（人工撒施化肥）、重耙、翻耕、轻耙碎土和播前镇压等5项作业。

第三节 保护性耕作增产增效原理

一、保护性耕作的增产原理

保护性耕作对增产有利的因素主要有土壤水分增加和土壤肥力提高，对于旱区农业，这是影响产量最重要的因素。对增产不利的因素是增加了管理难度，如要注意地温、播种质量、杂草控制等。管理跟不上，保护性耕作的增产作用就发挥不出来，甚至可能降低产量。

二、保护性耕作增加土壤贮水量

保护性耕作的保水原理是在无灌溉条件下，作物生长所需的水分基本来自降水。因此，实行以秸秆残茬覆盖和免（少）耕为特征的保护性耕作，是提高土壤贮水量，保证作物用水需求的重要措施。

无论小麦还是玉米，采取保护性耕作都可以减少土壤水分无效消耗，增加土壤有效含水量。水分无效消耗的减少主要有以下3方面。

（1）秸秆覆盖遮挡太阳辐射，减少表土水分的蒸发。

（2）降低雨滴对表土的直接冲击，减少结壳，有利于降水入渗；秸秆根茬延滞水流，径流出现晚；腐烂根茬形成的天然孔道，为水分入渗创造良好条件。从而减少地表径流，增加雨水入渗。

（3）减少土壤耕作次数，对土壤搅动少，土壤水分的蒸发面小。

三、提高水分利用效率

保护性耕作使径流减少，蒸发减少，从而提高了水分利用效率，为增产创造了条件。10多年来保护性耕作冬小麦休闲期蓄水量高于传统耕作15.0%，比较干旱的5年高20%以上。蓄水量的增加有利于干旱年景的小麦出苗和根系发育，为增加产量奠定了基础，水分利用效率平均高于传统耕作24.4%，小麦产量增加18.2%；春玉米休闲期蓄水量比传统耕作增加14.8%（免耕覆盖）和13.3%（深松覆盖），水分利用效率平均比传统耕作提高14.8%（免耕覆盖）和14.3%（深松覆盖），玉米产量提高16.5%（免耕覆盖）和17.1%（深松覆盖）。

第三章　保护性耕作中采用的关键技术措施

第一节　免耕或少耕播种施肥技术

免耕、少耕法主要是以不使用铧式犁（有壁犁）耕翻和尽量减少耕作次数为主要特征，从尽量减少耕作次数发展到一定年限内免除一切耕作。

免耕技术是近代发展起来的一项保护性技术，虽常规耕作在世界各地仍占主流，但是少（免）耕有逐步替代的趋势。由于社会经济的快速发展和人口的急剧膨胀，导致对农产品需求逐渐增加，各国所采取的对策只能是开垦荒地和提高单产，所带来的劳动量增加，并且频繁的土地耕作尤其是那些不合理的耕作方式，不仅增加了生产成本和能源消耗，而且使土壤结构受到破坏，加剧土壤养分和水分的消耗，加重了干旱地区水土流失和风蚀，因此不同类型的免耕法便显得十分重要。

免耕是免除土壤耕作直接播种农作物的一类耕作方法。主要是以不使用铧式犁（有壁犁）耕翻为主要特征，从尽量减少耕作次数发展到一定年限内免除一切耕作。目前美国已基本取消了铧式犁翻耕作业，澳大利亚也已全面取消了铧式犁翻耕，实行免耕法的农场使用的农业机械仅有 3 种，即播种机、喷雾植保机械和联合收割机。这种免耕法是保护性耕作的最高形式。免耕技术即农田保护性耕作技术是以作物秸秆残茬覆盖在地面，不翻耕土壤，通过特定的免耕播种机一次完成破茬、开沟、播种、施肥、撒药、覆土、镇压等作业。在以后作物全部生长期间，除了采用除草剂控制杂草外，不再进行任何田间作业，直到收获。

一、免耕的作用

（一）减少地表径流量

由于地表覆盖秸秆或留有作物残茬，增加了地表的粗糙度，阻挡了雨水在地表的流动，增加了雨水向土体的入渗，相应减少了地表径流量，免耕与传统耕作相比，地表径流可减少 50%左右，传统耕作的地表径流为 576. 7kg/hm^2，而免耕为 239. 9kg/hm^2，相对减少了 58. 4%。免耕下产生径流的时间与传统耕作不同。在降水强度为 1. 375mm/min 时，传统耕作 5min 产生径流，免耕 25min 产生径流，且径流量小。免耕的这一作用在降水较少的干旱和半干旱地区表现得特别明显，而在降水较多的湿润地区相对较弱。

（二）减少土壤侵蚀

免耕由于不扰动土壤，增加了土壤的抗蚀性，加之土壤表层的秸秆减少了雨水与土壤表层直接接触的机会，同时可吸收下降水滴的能量，减弱了土壤侵蚀的动力来源，相应减少了雨水对土壤的冲刷，从而减少土壤侵蚀，在降水大的地区更为明显。众多研究表明，免耕可大大减少土壤侵蚀甚至减少为零。

（三）减少土壤水分蒸发，提高土壤水分的有效性

由于地表的秸秆减少太阳对土壤的照射，降低土壤表层温度，加之覆盖的秸秆阻挡水汽的上升，因此免耕条件下的土壤水分蒸发大大减少。免耕条件下，在太阳辐射中，土壤接受的红外光（630nm）和远红外光（730nm）的量随着秸秆量的增加逐渐减少，并且土壤的最高温度和平均温度低于传统耕作。

（四）改善土壤结构

由于免耕不扰动土壤，这对于保持和改善土壤结构大有好处。许多研究表明，免耕可增加土壤团聚体数量、改善土壤结构。免耕条件下土壤的水稳性团聚体可增加 50%～67%。传统耕作一方面由于耕作对土壤的扰动破坏土壤结构，另一方面由于机械对土壤的压实作用，往往造成表层土壤容重增加，土壤板结，从而影响作物根系

的发育。

(五) 提高土壤有机质含量

由于秸秆的分解，每年向土壤中增加一部分秸秆分解物质，因此免耕可增加土壤有机质。免耕表层 0~7.5cm 土壤生物碳、全碳、有机磷、有机硫、有机氮高于土层 7.5~15cm，而传统耕作中则相差不大；免耕中表层土壤生物碳和有机质含量比传统耕作中分别高 27%和 8%。免耕中土壤有机质含量高除了与秸秆分解有关外，土壤中有机质的矿化率低也是其原因之一。在土壤表层（0~30cm）有机碳初始含量 3.6kg/hm^{2}情况下，一年的传统耕作中矿化掉 0.95kg/hm^2，而免耕中仅矿化 0.45kg/hm^2。

美国和澳大利亚对保护性耕作的治沙效果进行了测定，只要免耕并保持 30%的秸秆覆盖，田间起沙程度可减少 70%~80%。田边种树也是农田保护的一项措施，可以降低风速和阻挡近地面沙粒波动、跃动，在沙漠边缘地区植树更有防止土壤沙化的作用。但它阻挡不住上升的粉尘粒，因而减轻沙尘暴的作用有限。防治沙尘暴必须植树、种草、农田保护性耕作 3 方面并举，缺一不可。

二、保护性耕作的种子处理技术

免耕播种是在地表有大量的秸秆覆盖且在免耕条件下进行，地表作业条件复杂，又要同时完成施肥作业，对免耕播种机具的作业性能有较高的要求，免耕播种机具是该环节作业质量好坏的关键。播种时应选用良种，发芽率要求在 90%以上，纯净度要高，这就要求对农作物种子进行播前处理，提高种子对不良土壤和气候环境的抵御能力，从而提高田间发芽率和出苗率。生产上种子的处理一般有种子精选、浸种、药剂或肥料拌种等。

(一) 种子精选

作为免耕秸秆覆盖的农作物种子，必须在纯度及发芽率等方面符合种子质量的要求。一般种子纯度应该在 96%以上，发芽率要求在 90%以上，不能有麦芒等杂物存在，以免影响种子的流动。为了达到上述标准，播前应进行种子的精选，剔除空瘪粒以及病虫害粒。

生产可以用筛选、风选和液体比重选种等。

（二）种子处理

种子处理是采用各种有效措施，包括物理、化学、生物的方法，以增强种子的活力，提高种子在地表平整度较差及免耕地表容重较大等不利条件下的抵抗能力，并且杀死种子中的病虫害，以达到全苗和壮苗的目的。免耕由于地面留有覆盖物，地温较低，导致作物播种与出苗推迟，而且覆盖的秸秆及残茬给病虫害提供了很好的栖息场所，易造成病虫害的蔓延，不利于作物的高产与优质，故免耕覆盖后的作物种子必须进行消毒处理。这在生产上是预防作物病虫害的重要手段。如小麦上的锈病、腥黑穗病、秆黑粉病、叶枯病等，经过种子消毒可将病虫害消灭在播种前。常用的消毒方法有以下5种。

（1）温汤浸种。用较高的温度杀死种子表面和潜伏在种子内部的病菌，并且可以促进种子的萌发。如小麦与大麦，先用冷水浸5~6h，然后放到50℃左右的温水中不断搅动，10min后取出，用冷水淋洗晾干后就可播种，这种方法可以有效杀死潜伏在种子中的散黑穗病菌。玉米，用55℃温水浸种5~6h，可以杀死潜伏在种子表面的病菌。这种浸种方法应该根据不同作物种子的生理特点，严格掌握浸种的时间和温度。

（2）石灰水浸种。利用石灰水膜将空气和水中的种子隔绝，使得附在种子上的病菌窒息死亡。用浓度为1%的石灰水浸种，水面高于种子10~15cm，在35℃下浸种1d，20℃下则需浸种2~3d，浸种后用清水洗净晾干就可播种。浸种时应注意不能破坏石灰水膜，以免空气进入而影响种子的杀菌效果。这种浸种方法可以有效地杀死潜伏在大麦和小麦种子中的赤霉病、大麦条纹病和小麦散黑穗病的病原菌。

（3）药剂（浸）拌种。药剂拌种是用药剂来防治病虫害。不同作物的种子所带的病菌不同，故处理时应该合理地运用药物，严格掌握药剂的浓度和时间。如用福尔马林防治小麦腥黑穗病和秆黑粉病时，需在320倍液下浸种10min左右。药剂拌种可使种子表面附着一层药剂，不仅可以杀死种子内外的病原菌，播后还可以在一定时间内防止种子周围土壤中的病原菌对种苗的侵染。为了减少病虫的为害，生产上播种前应进行药剂拌种，拌种药剂和剂量应根据当地病虫害的具体情况选用。

(4) 生长调节剂处理种子。在生产中往往由于各种因素的干扰，如一定的水分、温度和湿度条件下会影响种子的发芽，而生长调节剂就可以通过种子内部的酶及激素的调控来减轻这些危害，从而提高种子的发芽、生根，达到苗齐、苗匀和苗壮。生产中常用的调节剂处理有赤霉素处理、生长素处理以及矮壮素处理等，生产中可以根据不同的目标进行相应的操作，从而提高免耕覆盖下种子的发芽能力，达到苗齐、苗匀和苗壮的目标。

(5) 种子包衣处理。将杀菌剂、杀虫剂、植物生长调节剂等物质包裹在种子的外面，使种子成形，提高种子的抗病性，加快发芽，促进出苗，增加产量和提高品质的一项种子新技术。研究表明，种衣剂能够减少小麦苗体的水分消耗，改善了小麦体内的水分状况，有利于维持正常的代谢活性，减缓了干旱条件下小麦叶片可溶性蛋白质和光合色素的降解，有助于光合作用的顺利进行；能够降低小麦苗体高度，促进根系的生长，有助于小麦增强对土壤水分的处理能力；另外种衣剂处理抑制超氧阴离子的产生和 MDA 的积累，降低了小麦苗体的膜脂过氧化水平，能延缓小麦叶片的衰老过程，使细胞膜机构趋于稳定。这项技术可以运用到小麦、玉米、大豆和棉花等农作物上。

三、保护性耕作的播种技术

播种技术是免耕覆盖的核心，也是保护性耕作的关键技术，播种的好坏对于作物的生长发育以及最终的产量和品质的形成有很大的影响。作物的种类、气候和土壤条件强烈影响播种质量。与传统耕作不同，保护性耕作的种子和肥料要播施到有秸秆覆盖地里，必须使用特殊的免耕播种机。有无合适的免耕播种机是能否采用保护性耕作技术的关键。免耕施肥播种的主要方式有两种。①直接施肥播种。用免耕播种机一次性完成开沟、播种、施肥、覆土、镇压等作业。②带状旋耕施肥播种。用带状旋耕播种施肥机一次性完成带状开沟、播种、施肥、覆土、镇压作业。③播种的基本原则是尽可能地在适墒、足墒时下种，目的是确保播种质量，防止机播作业过程中出现的“黏、缠、堵、停”等现象的发生。在墒情合适的情况下，适期播种，以便争取光热资源，促进出苗分蘖，尤其是在大量秸秆和残茬覆盖的情况下，由于秸秆直接影响土地吸收光热而导致低温的情况。

播种深度总体而言宜浅不宜深，原则上应该控制在 2~3cm，最大不要超过 4~5cm。实际操作中可以根据墒情适度掌握深度，坚持“墒大浅播，墒小深播，早播可深，晚播宜浅”的原则。同时，要注意土地黏度和松散性、湿度，掌握播种深浅，流动性好浅播，流动性差深播。坚持以上方法同样也是考虑到地表大量秸秆残茬的覆盖，不利于地表吸收光热而导致地温较低。

播种量应该与传统作业下的播种量基本保持一致或者略为偏高。播种量的确定还应根据地力、作物品种的特性、土壤种类和墒情、播期等因素而定。在一年两熟地区开展保护性耕作技术，由于机具性能等方面还不尽完善，播种机具的适应性较差，难以达到精密播种的要求，再加上秸秆残茬带来的一系列问题，所以播种量不宜低。

四、保护性耕作的底肥施用技术

施肥技术同样也是免耕覆盖的重要技术，也是保护性耕作的核心技术。施肥不仅提供作物所需要的营养，增加作物的产量，改善产品的品质，并且能提高作物对不良环境的抵御能力，这对于保护性耕作具有重要的意义。由于覆盖在地表的秸秆需要腐解，必然会对肥料的使用产生一定的影响，故免耕覆盖下的施肥必然与常规耕作下的施肥有着一定的不同。施肥应考虑多种因素的影响，施肥时必须考虑气候因素、土壤条件、肥料的性质，做到合理施肥。免耕覆盖条件下的施肥应该注意合理的施肥量与施肥的深度。

第二节　表土处理技术

保护性耕作与传统耕作的最大区别之一就是取消铧式犁翻耕，

而且绝大多数情况下实行免耕播种，这样对作物生长带来以下几方面的问题：一是地表容重较大，免耕播种时阻力大。二是收割机收获、运粮、深松等作业时会在地表产生沟辙，地表平整度较差，会影响播种质量。三是秸秆覆盖量过大或分布不均时，会影响播种机的通过性。所以，应在播种前，应考察地表状况，决定是否进行表土作业。假如地表不平度较大，秸秆较多或成堆，则应进行如浅松、弹齿耙耙地或必要时选用旋耕机浅旋等表土作业，以改善地表状况。尤其是在地温较低的地方，表土作业还可提高表土地温，有利于播种和出苗。假如地表状况较好（平整、秸秆量适中），则可不进行表土作业，直接播种即可。

多年的生产实践发现，保护性耕作由于地表不平整，秸秆覆盖量过多或覆盖物分布不均匀等原因，会导致播种时播深不一致，种子分布不均匀，甚至出现缺苗断垄等播种质量问题，严重影响作物的产量。为了降低不利影响，除了一方面要改进播种机性能，提高适应能力，另一方面播种前要检查地表状况，进行秸秆粉碎、撒匀，耙地或浅松，适当减少覆盖量、疏松平整等表土性作业。

一、表土处理的作用

表土处理是为了保持良好的地面覆盖和不过分影响播种作业。一般情况下，若保护性耕作地地表不平、地表较硬、覆盖量大，不利于播种与出苗。为了减少地表秸秆覆盖量，平整地表，灭除杂草，增加地表温度和提高播种质量，保护性耕作地要进行适当的地表处理。

保护性耕作的表土处理主要有以下作用：①降低土壤容重，为播种创造良好的条件，有助于作物出苗。②平整收割机收获、运粮深松等作业时在地表产生沟辙，提高播种质量。③清理秸秆，有助于播种机的顺利通行。

二、播前表土作业的原则

播前表土作业是相对深松、翻耕等深层作业而言，它仅对表土、杂草及覆盖物产生影响。主要包括浅旋、浅耙等技术，主要用于灭茬、除草、埋肥及播前整地。

选择表土处理方式时，应遵循以下原则。

（1）坚持因地制宜的原则。根据当地作物秸秆覆盖量和地表平整情况，选择适合当地要求的表土处理方式。

（2）坚持需要原则。能不进行表土作业的，尽量不用，确需采用的应慎用。

（3）坚持成本最少原则。应统筹考虑保护性耕作的作业成本，采用表土作业时，尽量选用复式作业和联合作业，如选用联合旋耕整地机、旋耕施肥播种机等复式作业机械。

（4）合理把握表土作业深度。秋季作业深度不超过 8cm，春季作业深度不超过 6cm。同时应满足其他作业质量技术要求。

三、表土作业的方法

表土作业在适当减少秸秆覆盖量的基础上，一般可选用缺口圆盘耙、浅松机、弹齿耙等进行作业，特殊情况下也可用旋耕机进行浅旋。

（一）适当减少秸秆覆盖量

在生产中当每公顷秸秆量超过 3 000kg 时，应当采取下列方法减少秸秆覆盖量：一是休闲期进行秸秆粉碎还田或浅旋处理，这样一次可减少秸秆量 30%。二是利用机械除草作业，每次可减少秸秆量 10%~15%；三是播前进行地表处理。

（二）浅耙作业

用圆盘耙进行表土作业时，除实现松土、平地、除草外，圆盘耙还会把部分秸秆混入土中，有利于播种机的通过。但在土壤含水量不合适（较大或过小）时，圆盘耙耙地会出现较大的坷垃，对密植作物的播种和出苗有一定的影响，故耙地要在土壤墒情合适时进行。

（三）浅松作业

带碎土镇压轮的大箭铲式比较适合冬小麦的保护性耕作，前者用大箭铲在土层下 5～8cm 处通过，随带的碎土镇压轮可实现碎土等；后者的小铲和弹性铲柄会在作业时产生震动，也有利于碎土。表土作业后，地表的土壤容重有较大幅度的下降，可以减少播种机的开沟阻力 40%左右，这一点对小型播种机意义较大；浅松还有良好的除草作用，可代替播前的一次除草；浅松后的地表平整度有较大的改善，可以提高播种质量。

浅松作业一般在播前 1～2d 进行。

（四）浅旋作业

用旋耕机进行浅旋也是表土作业的一种。浅旋作业能松土平地、除草，并将秸秆部分粉碎混入土中，有利于为播种创造良好的种床，但旋耕作业会打死土层中的蚯蚓，对土壤结构破坏较大，不利于保水、保土。所以，一般不提倡进行旋耕。只有在刚实行保护性耕作的地区，可能因没有其他表土作业机具，或因为对免耕播种机掌握不好等原因，为了保证良好的播种质量，可过渡性地使用旋耕。

浅旋作业应在播种前 10～15d 进行，这是为了保证旋耕后土壤有足够的时间回实，否则，刚旋耕完播种，会出现土壤过于松软，播种深度无法控制的现象。用旋耕机进行浅旋时，作业深度应控制在 10cm 以内。

在保证播种质量的前提下，保护性耕作要尽可能减少机械作业。一般根据秸秆覆盖量和表土状况确定是否采用辅助作业措施（耙地、浅松）进行表土处理。必须进行表土浅旋作业时，一般在播种作业前进行，以防止过早作业引起大的失墒和风蚀。为尽可能减少机械作业，播种时尽可能采用复式作业机具。

第三节　土壤全方位深松技术

深松是指疏松土层而不翻转土层的土壤耕作技术。深松有全面深松和局部深松两种。

全面深松：用深松机在工作幅宽上全面松土，这种方法适于配合农田基本建设，改造耕层浅的黏质土。

局部深松：用杆齿、凿形铲或铧进行间隔的局部松土。

深松：既可以作为秋收后主要耕作措施，也可用于春播前的耕地，休闲地的松土，草场更新等。

具体形式有：全面深松、间隔深松、浅翻深松、灭茬深松、中耕深松、垄作深松、垄沟深松等。

深松的深度视耕作后的厚度而定。一般中耕深松深度为20~30cm、深松整地为30~40cm，垄作深松深度为25~30cm。

一、深松特点

不翻转土壤，不打乱耕作层，只对土壤起到松动作用。

二、深松作用

（1）打破犁底层，有利于雨水的入渗与作物根系的发育。

（2）不打乱耕作层，改善了土壤的透水、透气性，改善了土壤的团粒结构。

三、深松质量要求

深松不必年年进行，一般3~5年深松一次。在土壤墒情条件适宜的情况下尽早作业，早蓄水，深度25~35cm，深耕一致，地表平整，无坷垃、无深沟。如松的深度不够，则出现地表不平等现象。

四、深松技术要求

采用“V”形全方位深松机根据不同作物、不同土壤条件进行相应的深松作业，主要技术要求如下。

（1）适耕条件。土壤含水率在15%~22%。

（2）作业要求。深松时间应选在作物收获后立即进行，作业中松深一致，不得有重复或漏松现象。深松深度为35~50cm。

（3）作业周期。根据土壤条件和机具进地次数，一般3~5年深松一次。

（4）机具要求。推荐使用中国农业大学研制的ISQ系列深松机。

深松法能避免翻耕法翻耕土壤过程中散失大量水分的弊端，但不能翻埋肥料、杂草、秸秆，不利于减少病虫害。

第四节　松土补播技术

一、技术要求

（一）少耕

采用免耕覆盖施肥播种机或精量带状旋播机，利用适时降水，在能机械作业的天然草原进行少耕作业，一次性完成灭茬、带状旋耕、松土、开沟、施肥、播种、覆土、镇压等多项工序。作业后形成宽窄行种植模式，即带状旋播带幅宽为10cm，未播带为30cm，窄行为优质牧草生长带，宽行为不破坏植被的自然修复带。

（二）免耕

采用牧草免耕松土补播机，一次性完成开沟、施肥、播种、覆土、镇压等工序，免耕地表开沟小，对植被破坏程度小，安装的单体仿形结构保证了在高低起伏的作业条件下的播种质量。作业后形成窄沟带与宽带的补播模式，窄沟带为2～3cm，宽带为39cm，这种模式基本上不动土，达到了不破坏植被而又挤插播种的效果，有效地抑制了扬尘，改良了草原。

二、增产机理

（一）不动土或少动土

实现了机械改良与自然修复相结合，恢复、建设了生态。

（二）防风蚀水蚀

由于少破坏或不破坏植被，天然草原自然生长的野草，阻挡降低了地表风速，有效地减少了风蚀。据试验观测，机械耕翻播种改良草原遇到下急雨，容易产生径流，带走了耕翻带土壤中的养分，使土壤遭水蚀。实行免耕、少耕而减少土地裸露面积，基本不会产生径流。

（三）提高了作业质量

采用的补播机械都安装了仿形装置，保证了播种量、播种深度、镇压的一致性和均匀性，提高了出苗率和成活率。

（四）减少了作业环节

既节约了能源和油料消耗，又降低了作业成本。与机械耕翻播种相比，减少了耕翻、施肥、播种等多项不必要的环节，因此在能源消耗和作业成本方面节省了大量的作业和工时费。

第五节　残膜回收技术

一、残膜特性

地膜受播种、田间管理、收获等作业及自然风化等因素的影响破损较严重，并且具有如下的特性。

（1）残膜虽然破损严重，但垄边压入土壤下面的地膜基本还是比较完整。

（2）由实验得知，秋后残膜经松土后地膜拉起需要182kg的力，而不松土时则需要3~3.6kg的力才能拉起。对于普通地膜（厚度为0.015mm）需要3.25kg的力可以拉断。因此，残膜回收时，为防止地膜拉断，在垄边进行松土是关键的作业环节。

（3）秋后的残膜仍然具有一定的延伸率，普通地膜的延伸率为30%左右。拾起的柔性残膜在摩擦及静电吸附作用下，极易缠绕在工作部件和转动部件上。工作时，一旦发生缠绕，会越绕越多，最终导致机具无法正常连续工作。因此，在机械收膜中，卸（脱）膜环节对于保证机械的连续作业至关重要。

（4）秋后田间残膜上存在大量的枯叶、茎秆与根茬等杂物，收膜时如何避开根茬或及时将根茬和杂物与残膜分离将直接关系到后续残膜的再生利用和收膜机集膜箱有效容积的利用。针对残膜的上述特性，结合机械化收膜的特点以及目前农业覆膜和残膜的实际情况及工作部件试验的结果，机械化收膜的工艺过程应包括有松土、起膜、挑膜、膜杂分离、脱膜、送膜和集膜等密切联系的工艺环节。

二、机械化收膜作业的主要技术要求

（1）膜与茎秆、叶片、杂草混杂及裹土要分离。如果能将残膜与茎秆、叶片分离开，则纯净的残膜可以回收再利用，从而提高经济效益；并且还可减轻机器的负荷，提高集膜箱的有效容积；但如无法分离并抛弃，则造成二次污染。

（2）防止残膜的缠绕与返带。无论是卷膜式卷膜或是挑膜齿挑膜输送残膜进膜箱，由于运动部件的作用，膜的黏附及静电的作用，都会引起缠绕，从而影响机具的连续作业，严重时甚至还会损坏机具。研制或使用机具时应尽量保持其部件的表面光滑，同时应在易发生缠绕处放置刮刀和卸膜机构，以便及时挂断缠绕的膜并将收起的残膜卸掉送入集膜箱。

（3）使用统一规格与质量的农膜。我国目前的农膜非常薄（0.006~0.008mm），且抗拉强度不高，非常不利于地膜回收。为防止地膜风吹破损，覆膜时一般要取部分土用来压膜，这将会给后期的残膜回收机械化作业带来困难。国外农膜的厚度一般为0.01mm，有利于覆膜及收膜。农膜厚度从0.008mm增加到0.01mm，其抗拉强度增加25%。故此，应尽量规范农膜质量与厚度，避免过多使用超薄膜，给残膜回收带来困难。

（4）应尽量使用残膜回收联合作业机具。一般秋后进行残膜回收时，农田中均伴有作物茎秆或作物根茬。建议尽量使用残膜回收联合作业机具，即机具在进行作物粉碎并定向输送或抛撒的同时进行收膜作业。其目的一是减少各类机具的进地次数，降低机具作业成本和对农田的机器碾压。二是机具首先进行作物粉碎并定向输送或抛撒，可减少代收工作幅宽内残膜面上的作物量，有利于机械收膜中的膜杂分离以及残膜的回收。三是可减少因对农田作物残茬机械处理与残膜机械回收作业各环节进行分次作业而对农膜的碾压与人为破损概率，从而促进残膜回收率的提高。

（5）规范农田耕作方式。应尽量统一制定耕作规范，保持种、管、收行距的一致性，便于作业机组进行作业，提高机具的作业适应性。

第四章　保护性耕作农机具

第一节　秸秆粉碎还田机械

目前，我国生产的各种秸秆粉碎还田机的构造和工作原理大致相同。主要由机架、刀轴、护罩、传动装置、悬挂升降机构、行走支撑轮等部件组成。常见秸秆粉碎还田机机型如下。

一、4JF-40 型秸秆粉碎还田机

与 120，150 型小四轮拖拉机配套（前置式全悬挂），可将收获果穗后的农作物茎秆（玉米、麦类）直接粉碎还田。

二、4Q 系列（1.5，2 型）秸秆切碎机

与上海-50 型、铁牛-55 型拖拉机配套，工作部件为锤爪式。该机型对稻麦类软秸秆和玉米、高粱、棉花等硬秸秆均具有良好的切碎性能。

三、4F 系列（1.5，2，1.5A，2A 型）秸秆粉碎还田机

与 50，55，60，75 型配套（半悬挂、悬挂），主要用于田间直立或铺放的玉米、高粱、稻麦等秸秆及蔬菜茎蔓的粉碎，碎秸秆自然均匀撒布。4F-1.5A 型尾部设有可调式扩散装置及全面限深装置，适应性更广泛。

四、XFP 型系列（1200，1300 型）

是与自走式谷物联合收割机配套的茎秆粉碎还田装置。它直接

与联合收割机尾部连接，利用联合收割机的动力驱动其工作部件，在联合收割的同时，将作物茎秆粉碎抛撒还田。

五、1JQ-150 型秸秆切碎机

①技术参数。整机结构质量 450kg，外形尺寸 1 100mm × 1 780mm× 960mm，工作幅宽 1 500mm，机具与拖拉机三点悬挂挂接，刀轴转速 1 650r/min。适于粉碎秸秆类型：稻、麦、高粱等，粉碎刀为锤爪、甩刀，配套动力 37~48kW。

②机具特点及适用性。该机采用三点悬挂、中间齿轮传动、侧边皮带传动结构，就地还田的作业机械。适用于小麦、玉米、棉花、稻草、芦苇等农作物秸秆的切碎。

③生产企业名称。南昌旋耕机厂。

第二节　免耕播种机

免耕播种机要同时完成清理、破茬、播种和施肥作业，种子和肥料要播施到有秸秆覆盖的地里，有些还是免耕地，种床条件比传统耕作地要差。所以，免耕播种机除要有传统播种机的开沟、下种、下肥、覆土、镇压功能外，一般还必须有清草排堵功能、破茬入土功能、种肥分施功能和地面仿形功能。

一、小麦免耕播种机

小麦免耕播种机由于行距窄（一般为 15~20cm），安装清草防堵装置困难，而且小麦播种机的播种质量要求高，所以难度大。

目前世界上保护性耕作技术推广较好的旱作农业大国如美国、澳大利亚等国在小麦免耕播种机上主要采取两种技术，以解决小麦免耕播种机的防堵等问题。一是采用圆盘式或尖角铲式开沟器，美国采用圆盘式较多，其特点是通过性好，但结构复杂，重量大，价格贵。澳大利亚采用尖角型较多，其结构简单，工作可靠但容易挂草，通过性次于圆盘式。二是采用多梁结构，如澳大利亚采用尖角

型开沟器的播种机一般有五道梁，梁与梁相距约 1m，开沟器分别布置在不同的梁上。这样同一梁上的开沟器间距可达 1m 以上。其特点是播种机纵向距离长，只能采用牵引式，而且排种排肥要采用价格高的气力式结构。这两种免耕播种机均不适合我国地块小、拖拉机动力小及农民购买力低的现状。所以，适合我国国情的免耕播种机只能依靠自主研发。

（一）美国 GREAT PLAINS（大平原）免耕播种机

（1）标准配置。通过液压系统控制与拖拉机连接，2 个地轮，带梯子的脚踏板，槽轮排种器，粉末冶金槽轮，种肥“V”形槽各行分配器（用于自然草和化肥），4 速可调链轮盒，131/2" 直径的双圆盘开沟器,3 种开沟圆盘可选，“T”形播种深度控制手柄，播量指示器。

（2）可选辅件。小粒种子播种附件。

（3）技术参数。型号 705NT，行距 17. 78cm，19. 05cm，20. 32cm，开沟器数量 11 个、10 个、10 个，整机质量 1656kg，工作幅宽 2. 13m，配套动力 44kW，运输宽度 2. 97m，高度 2. 01m，长度 4. 22m，轮胎型号 22. 86cm×60. 96cm，播种深度 0~8cm，无施肥功能。

（二）BMF-9 型小麦免耕播种机

（1）特点。中国农业大学研制的 2BMF-9 型小麦免耕播种机基本采用双梁结构，使同一梁上的开沟器间距达到 40cm（行距 20cm），开沟皆采用试验筛选出的澳大利亚短翼型尖角铲，阻力小，对土壤的搅动小，有利于保墒。在开沟器前安装限深切草圆盘，能在一定的秸秆覆盖下顺利播种（3 750kg/hm^{2}产量的全部秸秆还田）。采用自行研制的专利产品“复合型开沟器”，实现种肥垂直分施，通过调节下肥管与下种管之间的距离及下种管的垂直高度，可以改变肥、种间距，肥种间距最大可达 5cm 以上，满足播种的同时施肥量大和深施肥的要求；开沟器安装在平行四边杆仿形机构上，能在地表不平的条件下保证播种质量。该机通过了农业部农机鉴定总站的性能检测。

（2）技术参数。整机质量 860kg，外形尺寸2 730mm ×1 750mm×450mm，作业行数 9 行，施肥深度 150mm，工作幅宽 2 100mm，外槽轮式排肥器，播种深度 150mm，外槽轮式排种器，行距范围 237. 5mm，适用小麦、玉米、莜麦等作物，播种量 150~300kg/hm^2，靴式开沟器，生产率 1. 67hm^2/h，配套动力 40kW 以上拖拉机。

（3）机具特点及适用性。该机采用专用破茬开沟器，沿前后大梁分别布置，能有效防止壅土和堵塞，可在坚硬地面开沟及不很平整的地块作业，能一次完成松土、播种、施肥、覆土镇压等工序。该机可在小麦收获后的高麦茬地播种小麦、玉米或菜籽等。

（三）BMF-6 型小麦免耕播种机

新绛机械厂生产的 2BMF-6 型小麦免耕播种机，其结构特点与中型机相同。配套动力为 13kW 小四轮拖拉机。若推广地的土壤比阻较小、配套拖拉机性能好时，可配 7 行机或用 11kW 小四轮拖拉机悬挂 6 行机；若推广地土壤比阻大，则一般 13kW 力拖拉机只能拉动 6 行机。

二、玉米免耕播种机

玉米免耕播种机在我国研制和使用较早，不少厂家都有适合一年两熟区小麦收获后的夏玉米免耕播种机，其中部分机型可用于一年一熟区的玉米免耕播种。

相对于小麦免耕播种机来说，玉米免耕播种机开发困难的一面是玉米秸秆量大、根茬粗大；容易的一面是玉米行距较宽（55~70cm），有利于防堵装置的布置。

（一）BMQF-4C 型轮齿拔草式玉米免耕播种机

（1）技术参数。由中国农业大学研制。整机质量 750kg，外形尺寸1 600mm ×2 900mm×1 350mm，作业行数 4 行，施肥深度100~120mm，工作幅宽2 400~2 800mm，外槽轮式排肥器，播种深度 50~70mm，水平圆盘窝眼式排种器，行距范围 600~700mm，适用播种玉米、高粱、豆类作物，播种量 45~60kg/hm^2，尖角翼铲开沟器，生产率 0. 5~0. 7 hm^2/h，配套动力 36~44kW，施肥方式为种下深施。

（2）机具特点及适用性。该机采用尖角翼铲式开沟器，防堵性能很强，对土地搅动小，种肥垂直分布，适用于大地块的免耕作业。该机能在秸秆全部粉碎情况下进行免耕施肥播种作业。经秸秆粉碎还田的玉米地，秸秆覆盖量为 1.6kg/m^2（相当 1t/亩）时（1 亩≈667m^2），播种机能够正常作业。该机型已通过部级推广鉴定、部级科技成果鉴定。

（二）BMQF—4 型带状粉碎玉米免耕播种机

（1）技术参数。由中国农业大学研制。整机质量 700kg，外形尺寸1 600mm×2 900mm×1 300mm，作业行数 4 行，施肥深度 100~120mm，工作幅宽2 400~2 800mm，外槽轮式排肥器，播种深度 50~70mm，水平圆盘窝眼式排种器，行距范围 600~700mm，适用播种玉米、高粱、大豆作物，播种量 45~60kg/hm^2，尖角翼铲式开沟器，生产率 0.4~0.6hm^2/h，配套动力 36~44kW，化肥种下深施。

（2）机具特点及适用性。该机采用尖角翼铲式开沟器，防堵性能很强，种肥垂直分布，适用于中、大地块的免耕作业。该机能在秸秆全部覆盖情况下进行免耕施肥播种玉米作业。该机型已通过部级推广鉴定。

（三）BQ-M3 型免耕施肥气吸精密播种机

（1）技术参数。整机质量 180kg，外形尺寸1 830mm×1 000mm×1 040mm，作业行数 2 行，施肥深度 60~120mm，工作幅宽 1 340mm，大外槽轮式排肥器，正、侧条状深施肥，播种深度可调，玉米播种量 16.5kg/hm^2，气吸式排种器，行距范围 500~700mm，靴鞋式开沟器，播种量 22.5kg/hm^2，生产率 0.5~0.8hm^2/h，配套动力≥15kW，适用播种玉米、高粱等作物。

（2）机具特点及适用性。该机采用气吸式，不伤种，适应种子包衣，催芽播种和一次性正、侧深施肥，施埯肥等科学种田的要求。更换排种盘和链轮可进行玉米、花生、大豆、高粱、向日葵、甜菜等作物的单粒全株距或单粒半株距穴播或条播作业。一次可完成切茎秆破茬，开沟作种床、施肥播种，种床镇压、覆土等工序。

三、多功能播种机

（一）BG-6 型带状耕播机

（1）技术参数。整机质量 1 030 kg，外形尺寸1 600mm×4 200mm×1 350mm，作业行数 6 行，施肥深度上层 20～70mm，下层 70～120mm，行距范围≥550mm，气吸式、垂直圆盘排种器，凿形开沟器，排肥量 75～600kg/hm^2，生产率 1.5～2hm^2/h，配套动力 40～59kW。

（2）机具特点及适用性。该机分为气吸式和机械式两种排种器，分别满足精量播种和精少量播种。气吸式排种器可播玉米、大豆、高粱、棉花、向日葵；机械式可播玉米、大豆。该机具可在小麦原茬地、玉米灭茬地进行耕松苗带、播种、施肥联合作业，具有地表状态适应性强，种、肥深浅一致性好，排肥量大，覆土均匀一致等特点。

（二）BQM-6D 型气吸式免耕覆盖播种机

（1）技术参数。整机质量 900kg，外形尺寸 1 350mm≥3 800mm×1 700mm，作业行数 6 行，施肥深度 60～120mm，工作幅宽 3 000～4 200mm，外槽轮式排肥器，播种深度 40～100mm，垂直圆盘气吸式排种器，行距范围 500～700mm，双圆盘式开沟器，播种量 22.5kg/hm^2，生产率 1～1.5hm^2/h，配套动力 40kW，适用播种玉米、大豆、高粱、棉花等作物。

（2）机具特点及适用性。该机采用“V”形双圆盘播种开沟器进行种床残茬清理，提高了播种机的通过性；滑刀式施肥开沟器具有较好的破巷和入土性能；一次作业可完成破茬、开沟、分离覆盖物、施肥、播种、覆土、镇压等工序；适用于秸秆切碎覆盖地、豆茬地、小麦茬地免耕播种。

（三）BJM-6 型免耕精量播种机

（1）技术参数。外形尺寸 2 450mm×5 510mm× 2 160mm，作业行数 6 行，施肥深度 80～100mm，工作幅宽 3 600～4 200mm，大外槽轮式排肥器，播种深度 30～70mm（可调），强击式精密排种器，行距范围 600～700mm，双圆盘式开沟器，播种量大豆 54～90kg/hm^2、玉米 15～45kg/hm^2，生产率 2～2.5hm^2/h，施肥方式为条施，配套动力 55～88kW。

（2）机具特点及适用性。该机主要用于在原茬地上进行播种作业，也可在已播地上作业。一次进地即可完成破巷、开沟施肥、播种、覆土镇压作业。

（四）BF-1 型单体破茬播种机

（1）技术参数。整机质量 50kg，外形尺寸 1 500mm ×400mm × 620mm，作业行数 3 行，施肥深度 80～100mm，工作幅宽 120mm，外槽轮式排肥器，播种深度 20～80mm，玉米播种量 16.5kg/hm^2，型孔轮式排种器，行距范围 400～480mm，芯铧式开沟器，播种量 22.5kg/hm^2，生产率 0.3～0.4hm^2/h，适用播种玉米、谷子、高粱等作物。

（2）机具特点及适用性。该机设有破铧犁，能在未翻地上进行破茬播种，能一次完成破茬、开沟、施肥、播种、覆土镇压等项作业，适用于平原、坡地和山地的玉米、谷子、高粱、大豆等作物的播种施肥作业。

（五）BM-9 型免耕播种机

（1）技术参数。整机质量 1 500 kg，作业行数 7 行，施肥深度 20～70mm，工作幅宽 3 600～4 200mm，钉轮式排肥器，播种深度 30～70mm（可调），钉轮组合式排种器，行距范围 150～200mm，工作幅宽 1 800mm，圆盘式开沟器，播种量 4.5～45kg/hm^2，生产率 0.6～0.8hm^2/h，种肥混施，配套动力 37～48kW 拖拉机。适用作物玉米、大豆、小麦、牧草。

（2）机具特点及适用性。该机主要特点是开沟宽度小、破茬能力强，采用无级调速器控制调节播量，液压控制调节播种深度，使播深、播量调节准确、方便，排种（肥）器为加拿大进口，特别适应于干旱、半干旱地区的播种作业。

（六）BF-4 型免耕施肥播种机

（1）技术参数。整机质量 280kg 外形尺寸 2 000mm×1 300mm×

650mm，作业行数 4 行，施肥深度 60～90mm（可调），工作幅宽 1 600～2 000mm，外槽轮式、穴式排肥器，播种深度50～80（可调），型孔轮式排种器，行距范围：400～600mm，工作幅宽 1 800mm，圆盘式开沟器，播种量 7.5～180kg/hm^2，生产率 0.3～0.5 hm^2/h，锄铲式、楔式开沟器，穴施、条施施肥，配套动力大于 11kW。适用作物玉米、大豆、小麦、甜菜、苜蓿草。

（2）机具特点及适用性。该机为单体式，四连杆仿形，行距、株距排种量及排肥量可调，且调节方便，配带破茬铧，适合于平川区和丘陵山区梯田播种作业和破茬播种作业。

第三节　深松机

深松是在翻耕基础上总结出来的利用深松铲疏松土壤、加深耕层而不翻转土壤、适合于旱地的耕作方法。深松能调节土壤三相比，改善耕层土壤结构，提高土壤的蓄水抗旱能力。深松形成的虚实并存的土壤结构有助于气体交换、矿物质分解、活化微生物、培肥地力。因此，在旱地保护性耕作中，深松被确定为一项基本的少耕作业。

根据保护性耕作的要求和作业特点，经试验认为，没有必要年年深松，因为深松后土壤的蓄水抗旱能力不仅仅取决于土壤结构，更大程度上取决于深松后降水的多少，如果深松后降水多，则深松确实能多蓄水；反之，如果深松后降水少，反而会跑墒。所以一般认为：在土壤容重达到 1.2g/cm^3（壤土）或 1.3g/cm^3（黏土）以上时或在开始进行保护性耕作的地区，为了打破多年传统耕作形成的犁底层，第一年可进行深松。以后视情况而定。

保护性耕作的深松作业是在秸秆覆盖条件下进行，所以要求有较强的通过性，目前生产上使用的深松机主要分为立柱式（凿式和铲式）和倒梯形全方位深松机两种。

立柱式深松机具有良好的入土性能，但松土后地表普遍留有松土沟，会影响后续的播种作业质量，另外，由于立柱式深松机为单排梁，深松单体之间的单距较小，在秸秆覆盖量大时会产生堵塞现象。

倒梯形全方位深松机松土性能好，松土后地表平整，土壤搅动量小，但这种深松机所需动力大，而且在秸秆覆盖地易产生堵塞现象。

一、费爱华 1ZL 鹅掌式深松联合整地机

爱华 1ZL 鹅掌式深松联合整地机为 40kW 以上的大型拖拉机配套，利用鹅掌式全方位深松铲和环形碎土器，一次进地可同时完成深松、碎土、镇压 3 项作业，达到待播状态。作业深度 25～32cm，能完全打破犁底层，达到全方位深松，明显增加土壤蓄水抗旱和抗涝能力，实现保墒、保土、保肥的保护性耕作目的，并可大幅度降低耕作成本，增加农民收入，具有良好的经济效益、社会效益和环境保护效益。

这种深松机除了具备国产其他深松机所共有的六大优点：一是不漏耕，不翻转土层，不破坏土壤团粒结构和耕层结构。二是保水、保肥、保土。三是改变土壤理化性状，改进土壤耕作方式，改善农业生态环境。四是抗旱，抗涝，抗低温。五是降油耗，降机耕费用，降农业生产成本。六是增地温，增产，增效益。

此外，该深松机还具有以下特点：

（1）工作阻力小。爱华 1ZL 深松联合整地机在工作时，深松铲对土壤进行平切，不像其他深松机那样立着向前豁开土壤，所以工作阻力比其他深松机减少 40% 以上。由于工作阻力小，其作业效率是相同配套动力铧式犁的两倍，是其他深松机的 1.5 倍。

（2）真正全方位。爱华 1ZL 深松联合整地机的铲刃比较长，每个深松铲之间重叠 10cm，深松作业没有间隔，真正达到全方位深松作业。

（3）耕向任选择。可以对耕地进行顺向、逆向、横向、斜向等任意方向的深松作业，并且可以保留地表垄向和标记，有利于实行连片耕作，有利于水土保持。

（4）适应范围广。爱华1ZL深松联合整地机分深松作业和地表处理两大部分，只要是熟地，没有大障碍物（如石头、树根），只要拖拉机不陷车打滑，对不同的土质、比阻、容重、湿度、茬口、地形、地貌的耕地，都可以进行深松作业。

（5）配套能力强。爱华1ZL深松联合整地机是系列产品，耕幅从1.7~1.8m，配套动力可用40~147kW所有国产和进口拖拉机，并且附有环形耙、旋耕机、灭茬器、平地器等多种可供选择的地表处理装置与深松机配套使用，来完成深松联合作业。

（6）深松质量高。用爱华1ZL深松联合整地机进行深松作业，土壤上下全层得到松动，不漏耕，不漏松，没有间隔，碎土均匀，地表平整，可留茬越冬，符合国家提出的保护性耕作和黑土保护工程要求。

爱华1ZL鹅掌式全方位新型深松联合整地机有3大好处：一是经营者效益高。以为东方红802链轨拖拉机配套的2m机为例，深松班次作业量可达14hm^{2}以上，按每公顷收费200元计算，日收入可达2 800元以上，扣除800元作业成本，日纯收入可达到2 000元。作业6天，可收回购买深松机的投资；作业20天，可纯收入4万元，对经营者大有益处。二是用机户能增收。用爱华1ZL鹅掌式全方位新型深松联合整地机为农户进行代耕秋季深松作业，一次作业管3年，3年只花200元，每公顷耕地比翻耕每年最少节省150元整地费用。耕地深松以后，农作物最少增产12%以上。使用爱华1ZL深松联合整地机进行秋季深松整地，平均每公顷可增产大豆225kg，增收450元，再加上节省的整地费用150元，种每公顷大豆最少可节本增效600元。三是抗灾效果好。用爱华1ZL深松联合整地机进行秋季深松作业，可以有效地建立土壤水库，提高地温0.5~1.5℃，切断根蘖性杂草的根系，土壤pH值降低0.3，是目前抵御农业旱涝、低温等自然灾害比较有效的深松机械。

二、1SY-120型带翼铲深松机

中国农业大学旱地保护性耕作课题组研制的1SY-120型带翼铲深松机是专为适应保护性耕作深松而设计的。该机具有如下特点。

采用从澳大利亚引进的凿铲式立柱，入土性能好。

铲柱上安装有翼铲，且翼铲的深度可调。这样可实现底层单隔深松，表层全面疏松。

深松机铲柱安装在前后两排梁上，相邻深松铲之间的横向和纵向间距大，在秸秆覆盖地有良好的通过性能。

深松机后带有纹杆式镇压轮，保证深松后地表平整。

三、1SL-435 型杆齿式深松机

（1）技术参数。整机质量 570kg，外形尺寸 2 600mm × 2 500mm× 1 500mm，作业幅宽 1 400mm，双层翼铲深松部件结构，深松深度 300~350mm，机具与拖拉机悬挂式挂接，单个深松宽度 350mm，配套动力 48~59kW，生产率 0.5~0.7 hm^2/h。适于深松地北方旱作地区。

（2）机具特点及适用性。该机是在四铧犁机架上安装四组深松部件，深松部件带有双层翼铲。

四、1S—340 型深松机

（1）技术参数。石河子石大机电服务中心研制。整机质量 450kg，外形尺寸 700mm×2 300mm× 1 450mm，作业幅宽 1 800mm，梯形框架式深松部件结构，深松深度 300~400mm，机具与拖拉机三点悬挂，单个深松宽度 800mm，配套动力 58.8kW，生产率 1~1.2hm^2/h。适于深松地北方旱地黏土。

（2）机具特点及适用性。该机采用新型的梯形框架式工作部件，深松效率高，入土性好，工作阻力小，双地限深装置，耕深稳定。该机设计三个工作部件，在一个耕幅内形成完整的深松区，便于作业。深松作业后土壤疏松，不破坏土层，在底部形成一个鼠道，使土壤渗透能力显著提高，同时具有抗旱保墒和防涝排碱作用。可用于打破犁地层，加深耕作层，旱地提高保墒抗旱能力，灌溉地减少浇水次数，盐碱地、低洼泽地具有排水洗碱作用。该机主要适用地区为北方旱作区。

五、1SQ-250 全方位深松机

（1）技术参数。整机质量 340kg，外形尺寸 1 150mm×3 040mm×1 400mm，作业幅宽 1 400mm，梯形框架式深松部件结构，深松深度 400~500mm，机具与拖拉机后三点悬挂，单个深松宽度 1 130mm，配套动力 47~50kW，生产率 0.8~1hm²/h。适于深松轻壤、中壤、重壤、黏土。

（2）机具特点及适用性。此机具采用梯形框架式工作部件/对土壤进行高效率的深松，可在松土层底部形成两条鼠道，并一次即可完成连片深松，减少了拖拉机的往返次数。用于旱作土地打破梨底层、加深耕作层、提高蓄水保墒能力。

六、1SL-200 深松整地联合作业机

（1）技术参数。徐州农业机械厂研制。配套动力 58.5~73.5kW 轮式拖拉机，深松深度3~40cm，碎土 8~14cm，作业幅宽 2m，部件形式为凿式铲（4 个），弯刀 56 个，生产率 0.8~1.2hm²/h。

（2）机具特点及适用性。该类产品由前部分深松机和后部分旋耕整地机组组合而成。联合作业时一次完成土壤深松和表层土壤的碎土。根据用户需求，可以将其拆分成深松机和旋耕地机两个单机使用。

七、1SQ-340 全方位深松机

（1）技术参数。配套动力 73.5kW 履带拖拉机，深松深度 35~40cm，作业幅宽 1.66m，机具质量 550kg，部件数量 3 套（刃铲式），生产率 1.00~1.33 hm²/h。

（2）机具特点及适用性。该类产品有打破犁底层、加深耕层、提高蓄水保墒能力、防止水土流失等作用。采用梯形框架刃铲式工作部件，对土壤进行深松，并可在松土层部形成鼠洞。

八、1SQ-540 全方位深松机

（1）技术参数。配套动力 95.6kW 轮式拖拉机，深松深度 40cm，作

业幅宽2.88m，部件数量5套（刃铲式），生产率1.6~1.8hm²/h。

（2）机具特点及适用性。该类产品有打破犁底层、加深耕层、提高蓄水保墒能力、防止水土流失等作用。采用梯形框架刃铲式工作部件，对土壤进行深松，并可在松土层部形成鼠洞。

九、ISB-7深松机

（1）技术参数。配套动力117.6kW轮式拖拉机，深松深度40cm，作业幅宽2.22~3.02m，部件形式为凿式铲，机具质量900kg，生产率1.8~2hm²/h。

（2）机具特点及适用性。该类产品采用了凿式铲深松部件，并配有浅松铲用于疏松耕作层，用于旱作地区打破犁底层、加深耕层、提高蓄水保墒能力。

第四节　植保机械

一、丹麦HARDI系列植保机械

型号NV600，NV800，药箱容积600L和800L，工作幅宽10~12m，泵的型号1202，1302，泵的流量99~114L/m，外形尺寸150cm×226cm×220cm，150cm×226cm×220cm，整机质量220~255kg，配套动力48~59kW，工作效率7hm²/h。

二、3W-650型悬挂式喷杆喷雾机

（1）技术参数。现代农装科技股份有限公司研制。整机结构质量350kg，外形尺寸1 400mm×2 300mm×2 200mm，作业幅宽12m，适用所有除草剂类型，24个喷头数量，适用除草作业方式为全面喷洒，生产率6~8hm²/h，配套动力≥40kW，贮药箱容量650L。

（2）机具特点及适用性。该产品采用四缸隔膜泵供液，具有包括自洁式过滤器在内的三级过滤系统，喷杆平衡与升降机构，清洗喷枪等。喷杆采用不锈钢管制成，具有耐腐蚀性。适用于喷施除草

剂、杀虫剂和液态肥料等。

三、3WM-650 型悬挂式喷杆喷雾机

（1）技术参数。整机结构质量 250kg，外形尺寸1 200mm×2 200mm×1 400mm，作业幅宽 12m，适用溶剂、可湿粉剂，24 个喷头数量，适用除草作业方式为全面喷洒，生产率 7～12hm²/h，配套动力 37kW，贮药箱容量 650L。

（2）机具特点及适用性。该机与大中型拖拉机配套；药箱容积大，表面经喷塑处理，药箱材质为玻璃钢，后管路及喷洒部件为不锈钢或钢材制造，有防腐性能。适用于大豆、小麦、玉米、棉花等大田作物进行播前土地处理，苗期灭菌除草防治病虫害或喷施微肥。

四、WFB48AC 型背负式喷雾喷粉机

（1）技术参数。整机结构质量 11.5kg，外形尺寸 380mm× 555mm × 690mm，作业幅宽 125m（喷粉），适用溶剂、粉剂，24 个喷头数量，适用除草作业方式为表面喷洒（撒），生产率 7～12hm²/h，配套动力 37kW，贮药箱容量 11L。

（2）机具特点及适用性。该机具轻便、灵活、效率高。主要适用于大面积作业，如棉花、小麦、水稻、果树等农作物的病虫害防治。亦可用于化学除草，喷撒颗粒化肥、颗粒农药等。在山区、丘陵地带及零散地块上也适用。

第五章　农作物秸秆综合利用技术

第一节　秸秆种类和利用价值

一、秸秆种类

秸秆一般主要包括禾本科和豆科类作物秸秆。其中，属于禾本科的作物秸秆主要有麦秸、稻草、玉米秸、高粱秸、荞麦秸、黍秸、谷草等；属于豆科的作物秸秆主要有黄豆秸、蚕豆秸、豌豆秸、花生藤等；此外，还有红薯、马铃薯和瓜类藤蔓等。

二、秸秆的利用价值

秸秆的综合利用途径主要有 5 种：肥料、饲料、燃料、工业原料和食用菌基料。

（一）秸秆的肥料价值

秸秆中含有大量的有机质、N、P、K 和微量元素，是农业生产中重要的有机质来源之一。据统计，每 100kg 鲜秸秆中含 N 0. 48kg、P 0. 38kg、K 1. 67kg，折合成传统肥料相当于 2. 4kg 氮肥、3. 8kg 磷肥、3. 4kg 钾肥。将秸秆还田可以提高土壤有机质含量，降低土壤容重，改善土壤透水、透气性和蓄水保墒能力，除此之外，还能够改变土壤团粒结构，有效缓解土壤板结问题。若每公顷土壤基施秸秆生物肥 3 750 kg，其肥效相当于碳酸氢铵 1 500 kg、过磷酸钙 750kg 和硫酸钾 300kg。因此，充分利用秸秆的肥料价值还田，是补充和平衡土壤养分的有效措施，可以促进土地生产系统良性循环，对于实现农业可持续发展具有重要意义。

（二）秸秆的饲料价值

农作物秸秆中含有反刍牲畜需要的各种饲料成分，这为其饲料化利用奠定了物质基础。测试结果表明，玉米秸秆含碳水化合物约30%以上、蛋白质2%~4%和脂肪0.5%~1%。草食动物食用2kg玉米秸秆增重净能相当于1kg玉米籽粒，特别是采用青贮、氨化及糖化等技术处理玉米秸秆后，效益更为可观。为了提高秸秆饲料的适口性，还可对农作物秸秆进行精细加工，在青贮过程中加入一定量的高效微生物菌剂，密封贮藏发酵后，使其变成具有酸香气味、营养丰富、适口性强、转化率高、草食动物喜食的秸秆饲料。

（三）秸秆的燃料价值

作物秸秆中的碳使秸秆具有燃料价值，我国农村长期使用秸秆作为生活燃料就是利用秸秆的这一特性。农作物秸秆中碳占很大比例，其中粮食作物小麦、玉米等秸秆含碳量可达40%以上。目前对于科学利用秸秆这一特性主要有2种途径：一种途径是将秸秆转化为燃气，1kg秸秆可以产生2m^3以上燃气；另一种途径是将秸秆固化为成型燃料。

（四）秸秆的工业原料价值

农作物秸秆的组成成分决定其还是一种工业制品原料，除了传统可以作为造纸原料外，秸秆工业化利用还有多种途径：第一，在热力、机械力以及催化剂的作用下将秸秆中的纤维与其他细胞分离出来制取草浆造纸、造板。第二，以秸秆中的纤维作为原料加工成汽车内饰件、纤维密度板、植物纤维地膜等产品。第三，将作物秸秆制成餐具、包装材料、育苗钵等，这是近几年流行的绿色包装中常用的原材料。第四，利用秸秆中的纤维素和木质素作填充材料，以水泥、树脂等为基料压制成各种类型的纤维板、轻体隔墙板、浮雕系列产品等建筑材料。

（五）秸秆的食用菌基料价值

农作物秸秆主要由纤维素、半纤维素和木质素三大部分组成，以纤维素、半纤维素为主，其次为木质素、蛋白质、树脂、氨基酸、单宁等。以秸秆纤维素为基质原料利用微生物生产单细胞蛋白是目前利用秸秆纤维素最为有效的方法之一。用秸秆作培养基栽培食用菌就是该原理的实际应用。

第二节　秸秆覆盖还田技术

一、技术原理

秸秆覆盖还田技术指在农作物收获前，套播下茬作物，将秸秆粉碎或整秆直接均匀覆盖在地表，或在作物收获秸秆覆盖后，进行下茬作物免耕直播的技术，或将收获的秸秆覆盖到其他田块。秸秆覆盖还田有利于减少土壤风蚀和水蚀、减缓土壤退化，同时能够起到调节地温、减少土壤水分的蒸发、抑制杂草生长、增加土壤有机质的作用，而且能够有效缓解茬口矛盾、节省劳力和能源、减少投入。覆盖还田一般分 4 种情况，套播作物：如小麦、水稻、油菜、棉花等，在前茬作物收获前将下茬作物撒播田间，作物收获时适当留高茬秸秆覆盖于地表。直播作物：如小麦、玉米、豆类等，在播种后、出苗前，将秸秆均匀铺盖于耕地土壤表面。移栽作物：如油菜、甘薯、瓜类等，先将秸秆覆盖于地表，然后移栽。夏播宽行作物：如棉花等，最后一次中耕除草施肥后再覆盖秸秆。果树、茶桑等：将农作物秸秆取出，异地覆盖。

二、工艺流程

（1）小麦秸秆全量覆盖还田种植玉米。分为套播和免耕直播两种方式：套播玉米主要技术流程为小麦播种（每 3 行预留 30cm 的套种行）—小麦收获前 7~10d 玉米套种→小麦收获→秸秆粉碎均匀抛洒覆盖→玉米田间管理。免耕直播主要技术流程为：收割机机收小麦→秸秆粉碎均匀抛洒覆盖→玉米免耕播种机播种玉米（或人工穴播）→撒施种肥和除草剂→玉米田间管理。

（2）水稻秸秆全量覆盖还田种植小麦。分为套播、免耕直播、零共生直播3种方式：套播小麦主要技术流程为水稻收获前7~10d套种小麦→水稻收获→秸秆粉碎均匀抛撒覆盖→撒施基肥→开沟覆土→小麦田间管理。免耕播种主要技术流程为收割机机收水稻→秸秆粉碎均匀抛撒覆盖→小麦免耕播种机播种小麦→撒施种肥和除草剂→小麦田间管理。零共生直播与套播相似，关键技术是采用加装小麦播种机的收割机收获水稻，主要技术流程为收割机机收水稻→加装的小麦播种机同步播种→秸秆粉碎均匀覆盖→基肥施用→开沟覆土→小麦田间管理。

（3）油菜免耕覆盖稻草栽培技术。主要分套播、直播和移栽3种技术。稻田套播油菜技术流程为水稻收获前3~5d，将油菜种子均匀撒在稻田中→机收水稻→秸秆粉碎覆盖还田→施入基肥→开沟覆土→田间管理。直播油菜技术流程为水稻机收→秸秆粉碎平铺还田→施入基肥和腐熟剂→开沟覆土→油菜直播→田间管理。移栽油菜主要技术流程为水稻机收→喷药除草→挖窝移栽油菜→稻草顺行覆盖行间。其中稻田套播较适宜于季节紧张前茬收获偏迟的田块，以及田地较烂，不适宜于机械播种的田块。

（4）小麦/油菜秸秆全量还田水稻免耕栽培技术。主要技术流程为在小麦/油菜收割前7~15d进行水稻撒种→机收小麦/油菜，留高茬30cm→秸秆粉碎抛洒还田→施足底肥→及时上水→水稻种植。

（5）早稻稻草覆盖免耕移栽晚稻。主要技术流程为早稻齐田面收割→将新鲜早稻草均匀撒于田间→水淹禾巷→施入基肥→手插移栽（将晚稻秧苗直接插在4蔸早稻禾茬的中央）或抛秧→2~3d后撒施化学除草剂。

（6）玉米秸秆覆盖还田。此法又可分为半耕整秆半覆盖、全耕整秆半覆盖、免耕整秆半覆盖、二元双覆盖、二元单覆盖等几种模式。半耕整秆半覆盖主要技术流程为人工收获玉米穗→割秆硬茬顺行覆盖（盖70cm，留70cm）→翌年早春在未覆盖行内施入底肥→机械翻耕→整平→在未覆盖行内紧靠秸秆两边种两行玉米。全耕整秆半覆盖主要技术流程为收获玉米→秸秆搂集至地边→机械翻耕土地→顺行铺整玉米秸（盖70cm，留70cm）翌年早春施入底肥→在未覆盖行内紧靠秸秆两边种两行玉米。免耕整秆半覆盖主要技术流程为玉米收获→秸秆顺垄割倒或压倒，均匀铺在地表形成全覆盖→翌年春播前按行距宽窄，将播种行内的秸秆搂（扒）到垄背上形成半覆盖→玉米种植。二元双覆盖主要技术流程为玉米收获→以133cm为一带，整秆顺行铺放宽66.5cm→翌春在剩下的66.5cm空档地起垄盖地膜→膜上种两行玉米。二元单覆盖主要技术流程为玉米收获→在133cm带内开沟铺秸秆→覆土越冬→翌年春季在铺埋秸秆的垄上覆盖地膜→膜上种两行玉米。

三、技术要点

（1）小麦秸秆全量覆盖还田种植玉米技术要点。一是小麦机械化播种技术，采用“三密一稀”或“四八对垄”等方式，以便于玉米行间套种。二是玉米套种技术，一般采用人工点播器播种在麦行间套播玉米。这一方面杜绝了小麦秸秆田间焚烧的可能性；另一方面解决了大量麦秸还田后的玉米播种难题，套种可为玉米多争取7d左右的生长期，麦收时玉米苗高度不足2cm，只有2~3片叶，不怕机械碾压。三是小麦联合收割技术，采用联合收割机收获，配以秸秆粉碎及抛洒装置，实现小麦秸秆的全量还田，这是小麦秸秆全量还田的基本作业环节。

（2）水稻秸秆全量覆盖还田种植小麦技术要点。一是水稻收获技术，选择洋马、久保田等带秸秆切碎的收割机，使秸秆同步均匀抛洒于田面。二是小麦播种技术，在水稻收获前7d采用机械将小麦均匀抛洒于田间，或采用安装了播种装置的收割机，集成水稻收割、小麦播种、碎草匀铺同步进行，并实现小麦的半精量播种和扩幅条播。三是及时开沟，在田间以2~2.5m为距进行机械开沟，土壤向两侧均匀抛洒覆盖于稻草上，既有利于改善小麦苗期光照条件，提高抗冻能力，又有利于防止小麦后期倒伏。

（3）油菜/小麦秸秆覆盖水稻种植技术要点。一是水稻种植技术，药剂浸种48h，使种子吸足水分。油菜/小麦收获前7~15d，将稻种均匀撒播于田间，田头、地角适量增加播种量，提高出苗均匀度，播后用绳拉动植株，使稻种全部落地。二是油菜/小麦机械收获技术，留高茬 30cm 左右，自然竖立田间，其余麦（油菜）秸秆就近撒开或埋沟，任其自然腐解还田。

(4) 低割早稻禾茬法免耕栽培晚稻技术要点。一是早稻收获技术，对禾茬尽量往下低割，一般只留禾茬高 2cm 为宜，有利于抑制早稻再生分蘖能力；同时将秸秆粉碎均匀铺撒田间。二是水淹禾茬技术，切断氧气，使禾茬迅速分解腐烂失去再生能力，是晚稻低割免耕栽培技术的关键所在。要求低割后 12h 以内灌水，水层要全面淹过所有禾茬，时间要持续 3~4d。三是晚稻移栽技术，栽种时将秧苗从早稻禾茬行间插下。

(5) 玉米秸秆覆盖还田技术要点。主要是要注意覆盖或沟埋行与空行的宽度，可根据各地种植习惯和秸秆覆盖（沟埋）量适当调整，但要与耕作机械配套，以便于机械化作业。其次是玉米整秆覆盖田苗期地温低、生长缓慢，第一次中耕要早、要深，在 4~5 叶期进行，深度为 10~15cm，以利于提高地温。

第三节　农作物秸秆间接还田技术

秸秆间接还田（高温堆肥）是一种传统的积肥方式，它是利用夏秋季高温季节，采用厌氧发酵沤制而成，其特点是积肥时间长、受环境影响大、劳动强度高、产出量少、成本低廉。而常见的秸秆间接还田的方法有 5 种。

一、堆沤腐解还田

秸秆堆肥还田还是我国当前有机肥源短缺的主要途径，也是中低产田改良土壤、提高培肥地力的一项重要措施。它不同于传统堆置沤肥还田，主要是利用快速堆腐剂产生大量纤维素酶，在较短的时间内将各种作物秸秆堆制成有机肥，如“301”菌剂，这些元素可使秸秆直接还田简便易行，具有良好的经济收益、社会效益和生态效益。现阶段的堆沤腐解还田技术大多采用在高温、密闭、嫌气性条件下腐解秸秆，能够减轻田间病、虫、杂草等危害，但在实际操作技术较高，所以给农户带来一定困难，难于大范围推广。

二、烧灰还田

这种还田方式主要有 2 种，作为燃料燃烧：这是国内农户传统的做法。在田间直接焚烧：田间焚烧不但污染空气、浪费能源、影响飞机升降与公路交通，而且会损失大量有机质和氮素，保留在灰烬中的磷、钾也易流失，因此这是一种不可取的方法。

三、过腹还田

过腹还田是一种效益很高的秸秆利用方式，在我国有悠久历史。秸秆经青贮、氨化、微贮处理，饲喂畜禽，通过发展畜牧提质增收，同时达到秸秆过腹还田。实践证明，充分利用秸秆养畜、过腹还田、实行农牧结合，形成节粮型牧业结构，是一条符合我国国情的畜牧业发展道路。每头牛育肥要需秸秆 1t，可生产粪肥约 10t，牛粪肥田，形成完整的秸秆利用良性循环系统，同时增加农民收入。秸秆氨化养羊，蔬菜、藤蔓类秸秆直接喂猪，猪粪经过发酵后喂鱼或直接还田。

四、菇渣还田

利用作物秸秆培育食用菌，然后再经菇渣还田，经济效益、社会效益、生态效益三者兼得。在蘑菇栽培汇总，以 111m^2 计算，培养料需要优质麦草 900kg、优质稻草 900kg；菇棚盖草又需 600kg，育菇结束后，约产生菇渣 1.66t。据测定，菇渣有机质含量达到 11.09%，每公顷施用 30m^3 菇渣，与施用等量的化肥相比，一般可增产稻麦 10.2%~12.5%，增产皮棉 10%~20%，不仅节省成本，同时对减少化肥污染、保护农田生态环境亦有重要意义。

五、沼渣还田

秸秆发酵后产生的沼渣、沼液是优质的有机肥料，其养分丰富，腐殖酸含量高，肥效缓速兼备，是生产无公害农产品、有机食品的良好选择。一口 8~10m³ 的沼气池可年产沼肥 20m³，连年沼渣还田的实验表明：土壤容重下降，空隙度增加，土壤的理化性状得到改善，保水保肥能力增强；同时，土壤中有机质含量提高 0.2%，全氮提高 0.02%，全磷提高 0.03%，平均提高产量 10%~12.8%。

第四节　秸秆饲料化利用技术

一、秸秆青贮技术

生物处理的实质主要是借助微生物（以乳酸菌为主）的作用，在厌氧状态下发酵，此过程既可以抑制或杀死各种微生物，又可以降解可溶性碳水化合物而产生醇香味，提高饲料的适口性。目前，主要有青贮和微贮两种方法。

青贮是一个复杂的微生物群落动态演变的生化过程，其实质就是在厌氧条件下，利用秸秆本身所含有的乳酸菌等有益菌将饲料中的糖类物质分解产生乳酸，当酸度达到一定程度（pH 值为 3.8~4.2）后，抑制或杀死其他各种有害微生物，如腐败菌、霉菌等，从而达到长期保存饲料的目的。青贮可分为普通常规青贮和半干青贮。半干青贮的特点是干物质含量比一般青贮饲料多，且发酵过程中微生物活动较弱，原料营养损失少，因此，半干青贮的质量比一般青贮要好。

青贮适用于有一定含糖量的秸秆，如玉米秸秆、高粱秸秆等。

（一）青贮设施的准备

青贮设施有青贮池、青贮塔、青贮袋等，目前以青贮池最为常用。青贮池有圆形、长方形、地上、地下、半地下等多种形式。长方形青贮池的四角必须做成圆弧形，便于青贮料下沉，排出残留气体。地下、半地下式青贮池内壁要有一定斜度，口大底小，以防止池壁倒塌，地下水位埋深较小的地方，青贮池底壁夹层要使用塑料薄膜，以防水、防渗。

青贮饲料前，对现有青贮设施要做好检修、清理和加固工作。新建青贮池应建在地势高，干燥，土质坚硬，地下水位低，靠近畜舍，远离水源和粪坑的地方，要坚固牢实，不透气，不漏水。内部要光滑平坦，上宽下窄，底部必须高出地下水位500cm以上，以防地下水渗入。青贮池的容积以家畜饲养规模来确定，每立方米能青贮玉米秸秆550~600kg，一般每头牛一年需青贮饲料6~10t。

（二）制作优质玉米青贮饲料的条件

收割期的选择：玉米全株（带穗）青贮营养价值最高，应在玉米生长至乳熟期和蜡熟期收贮（即在玉米收割前15~20d）；玉米秸秆青贮要在玉米成熟后，立刻收割秸秆，以保证有较多的绿叶。收割时间过晚，露天堆放将造成含糖量下降、水分损失、秸秆腐烂，最终造成青贮料质量和青贮成功率下降。

（三）玉米青贮饲料制作要点

在青贮过程中，要连续进行，一次完成。青贮设备最好在当天装满后再封严，中间不能停顿，以避免青贮原料营养损失或腐败，导致青贮失败。概括起来就是要做到“六快”，即做到快割、快运、快切、快装、快压、快封。

（四）青贮饲料的饲喂

青贮饲料经过45d左右的发酵，即可开窖饲喂。取用时，应从上到下或从一头开始，每次取量，应以当天喂完为宜。取料后，必须用塑料薄膜将窖口封严，以免透气而引起变质。饲喂时，应先喂干草料，再喂青贮料。青贮玉米有机酸含量较大，有轻泻作用，母畜怀孕后不宜多喂，以防造成流产，产前15d停止。牲畜改换饲喂青贮饲料时应由少到多逐渐增加，停喂青贮饲料时应由多到少，使牲畜逐渐适应。

二、微贮技术

饲料微生物处理又叫微贮，是近年来推广的一种秸秆处理方法。微贮与青贮的原理非常相似，只是在发酵前通过添加一定量的微生物添加剂如秸秆发酵活干菌、白腐真菌、酵母菌等，然后利用这些微生物对秸秆进行分解利用，使秸秆软化，将其中的纤维素、半纤维素以及木质素等有机碳水化合物转化为糖类，最后发酵成为乳酸和其他一些挥发性脂肪酸，从而提高瘤胃微生物对秸秆的利用。

秸秆微贮选用干秸秆和无毒的干草植物，室外气温 10~40℃时制作。

秸秆微贮就是把农作物秸秆加入微生物高效活性菌种——枣秸秆发酵活干菌，放入一定的密封容器（如水泥地、土窖、缸、塑料袋等）中或地面发酵，经一定的发酵过程，使农作物秸秆变成带有酸、香、酒味，家畜喜爱的饲料。因为它是通过微生物使贮藏中的饲料进行发酵，故称微贮，其饲料叫微贮饲料。

微贮的制作方法是：在处理前先将菌种倒入水中，充分溶解，也可在水中先加糖，溶解后，再加入活干菌，以提高复活率。然后在常温下放置 1~2h，使菌种复活（配制好的菌剂要当天用完）。将复活好的菌剂倒入充分溶解的 1%食盐水中拌匀，食盐水及菌液量根据秸秆的种类而定。1t 青玉米秸秆、玉米秸秆、稻或麦秸加一定量的活干菌、食盐、水，不同的菌剂有不同的加料要求。

秸秆切短同常规青贮。将切短的秸秆铺在窖底，厚 20~25cm，均匀喷洒菌液，压实后，再铺 20~25cm 秸秆，再喷洒菌液、压实，直到高于窖口 40cm，在最上面一层均匀洒上食盐粉，再压实后盖上塑料薄膜封口。食盐的用量为每平方米 250g，其目的是确保微贮饲料上部不发生霉坏变质。盖上塑料薄膜后，在上面撒 20~30cm 厚的秸秆，覆土 15~20cm，密封。秸秆微贮后，窖池内贮料会慢慢下沉，应及时加盖使之高出地面，并在周围挖好排水沟，以防雨水渗入。开窖同常规青贮。

在微贮麦秸和稻秸时应加 5%的玉米粉、麸皮或大麦粉，以提高微贮料的质量。加大麦粉或玉米粉、麸皮时，铺一层秸秆撒一层粉，再喷洒一次菌液。在喷洒和压实过程中，要随时检查秸秆的含水量是否合适、均匀。特别要注意层与层之间水分的衔接，不要出现夹干层。

含水量的检查方法是：抓取秸秆试样，用双手扭拧，若有水往下滴，其含水量约为80%以上；若无水滴、松开后看到手上水分很明显，约为60%，微贮饲料含水量在60%~65%最为理想。喷洒设备宜简便实用，小型水泵、背式喷雾器均可。

三、秸秆碱化处理技术

碱化处理技术就是在一定浓度的碱液（通常占秸秆干物质的3%~5%）的作用下，打破粗纤维中纤维素、半纤维素、木质素之间的醚键或酯键，并溶去大部分木质素和硅酸盐，从而提高秸秆饲料的营养价值。

四、秸秆氨化技术

氨化处理技术，就是在密闭条件下，在秸秆中加入一定比例的氨水、无水氨、尿素等，破坏木质素与纤维素之间的联系，促使木质素与纤维素、半纤维素分离，使纤维素及半纤维素部分分解、细胞膨胀、结构疏松，从而提高秸秆的消化率、营养价值和适口性。氨化技术适用于干秸秆，用液氨处理秸秆时，秸秆含水量以30%为宜。

氨化处理秸秆饲料的氨源有很多，各种氨源的用量和处理方法也不相同，其处理结果因秸秆种类而异。经氨化处理后，秸秆的粗蛋白含量可从3%~4%提高到8%，家畜的采食量可提高20%~40%。

常用的处理方法有堆垛法、池氨化法、塑料袋氨化法和炉氨化法等，它们共同的技术要点是：将秸秆饲料切成2~3cm长的小段（堆垛法除外），以密闭的塑料薄膜或氨化窖等为容器，以液氨、氨水、尿素、碳酸氢铵中的任何一种氮化合物为氮源，使用占风干秸秆饲料重2%~3%的氨，使秸秆的含水量达到20%~30%，在外界温度为20~30℃的条件下处理7~14d，外界温度为0~10℃时处理28~56d，外界温度为10~20℃时处理14~28d，30℃以上时处理1~5d，使秸秆饲料变软变香。

五、秸秆揉搓加工技术

与传统的秸秆青贮技术不同，秸秆揉搓加工技术是将收获成熟玉米果穗后的玉米秸秆，用挤丝揉搓机械将硬质秸秆纵向铡切破皮、破节、揉搓拉丝后，加入专用的微生物制剂或尿素、食盐等多种营养调制剂，经密封发酵后形成质地柔软、适口性好、营养丰富的优质饲草的技术。可用打捆机压缩打捆后装入黑色塑料袋内贮存。经过加工的饲草含有丰富的维生素、蛋白质、脂肪、纤维素，气味酸甜芳香，适口性好，消化率高，可供四季饲喂，可保存1~3年，同时由于采用小包装，避免了取饲损失，便于贮藏和运输及商品化。

秸秆揉搓加工能够极大地改善和提高玉米秸秆的利用价值、饲喂质量，降低了饲养成本，显著提高了畜牧业的经济效益，有力地推动和促进畜牧业向规模化、集约化和商品化方向发展。此外，秸秆揉搓加工能够改善养殖基地和小区饲草料的贮存环境，可有效地提高农村养殖基地的环境水平。

据测算，玉米种植农户仅卖秸秆每亩可增收50元左右；加工1t成品饲草的成本为100~130元，以当前乳业公司青贮窖玉米饲料销售价240元/t计算，可获利110元/t以上，经济效益十分显著。需要注意的是：秸秆揉搓加工技术适用于秸秆产量大、可为外地提供大量备用秸秆原料的地区。

六、热喷和膨化处理技术

热喷处理工艺流程为：原料预处理—中压蒸煮—高压喷放—烘干粉碎。其主要作用原理是通过热力效应和机械效应的双重作用，首先在170℃以上的高温蒸汽（0.8MPa）作用下，破坏秸秆细胞壁内的木质素与纤维素和半纤维素之间的酯键，部分氢键断裂而吸水，使木质素、纤维素、半纤维素等大分子物质发生水解反应成为小分子物质或可利用残基。然后在高压喷放时，经内摩擦作用，再加上蒸汽突然膨大及高温蒸汽的张力作用，使茎秆撕碎，细胞游离，细胞壁疏松，细胞间木质素分布状态改变，表面积增加，从而有利于体内消化酶的接触。

膨化处理与热喷不同的是最后有一个降压过程。其原理如同爆米花，就是在密闭的膨化设备中经一定时间的高温（200℃左右）、高压（1.5MPa以上）水蒸气处理后突然降压迅速排出，以破坏纤维结构，使木质素降解，结构性碳水化合物分解，从而增加可溶性成分。这两种方法都可以提高秸秆消化率，但是由于设备一次性投资高，加上设备安全性差，限制了其在生产实践中的推广应用。

七、秸秆压块饲料技术

我国是一个农业大国，年产农作物秸秆 7×10^8 t，由于秸秆饲料加工技术滞后，致使大批秸秆被焚烧或废弃，造成了秸秆资源的严重浪费，污染了环境。近年来，随着畜牧养殖业的快速发展，饲草需求量越来越大。随着人们对秸秆饲料产品认识的提高、秸秆饲料加工业的不断创新、农作物秸秆压块技术设备的开发生产，秸秆压块饲料生产技术得到了推广应用。

第五节　秸秆能源化技术

秸秆能源化利用主要包括秸秆沼气、纤维乙醇及木质素残渣配套发展、固体成型燃料、秸秆气化、秸秆快速热解和秸秆干馏炭化等方式。秸秆能源化利用的主要任务是：积极利用秸秆生物气化（沼气）、热解气化、固化成型及炭化等发展生物质能，逐步改善农村能源结构；在秸秆资源丰富地区开展纤维乙醇产业化示范，逐步实现产业化，在适宜地区优先开展纤维乙醇多联产生物质发电项目。

一、秸秆成型燃料技术

秸秆固体成型燃料是指在一定温度和压力作用下，利用农作物玉米秆、麦草、稻草、花生壳、玉米芯、棉花秆、大豆秆、杂草、树枝、树叶、锯末、树皮等固体废弃物，经过粉碎、加压、增密、成型，成为棒状、块状或颗粒状等成型燃料，从而提高运输和贮存能力，改善秸秆燃烧性能，提高利用效率，扩大应用范围。秸秆固化成型后，体积缩小6~8倍，密度为1.1~1.4t/m^3，能源密度相当于中质烟煤，使用时火力持久，炉膛温度高，燃烧特性明显得到改善，可以代替木材、煤炭为农村居民提供炊事或取暖用能，也可以在城市作为锅炉燃料，替代天然气、燃油。

国内有关专家通过对秸秆压块成型的主要技术、工艺设备、经济效益和社会效益的分析，确定了秸秆压块成型燃料在我国进行产业化生产是可行的。秸秆压块成型燃料生产具有显著的经济效益，不仅能节约大量的化石能源，又为2t以下的燃煤锅炉提供了燃料，有广阔的应用情景。秸秆燃料块燃烧后烟气中CO、CO_2、SO_2、NO_x等成分的排放均低于目前燃煤锅炉规定的排放标准，达到了国家的环保要求，生态环保效益明显。因此秸秆固体成型燃料生产在国内广大农村、城镇实行产业化，具有良好的发展前景。

二、秸秆制沼气技术

秸秆沼气（生物气化）是指以秸秆为主要原料，经微生物发酵作用生产沼气和有机肥料的技术。该技术充分利用水稻、小麦、玉米等秸秆原料，通过沼气厌氧发酵，解决沼气推广过程中原料不足的问题，使不养猪的农户也能使用清洁能源。秸秆沼气技术分为户用秸秆沼气和大中型集中供气秸秆沼气两种形式。秸秆入池产气后产生的沼渣是很好的肥料，可作为有机肥料还田（即过池还田），提高秸秆资源的利用效率。经研究表明，每千克秸秆干物质可产生沼气0.35m^3。因此，秸秆沼气化是开发生物能源，解决能源危机的重要途径。今后要加强农作物秸秆沼气关键技术的开发、引进与应用，探索不同原料、不同地区、不同工艺技术的适宜型秸秆沼气工程，提高秸秆在沼气原料中的比重。要将秸秆沼气与新农村、“美丽乡村”建设和循环农业、生态农业发展相结合，稳步发展秸秆户用沼气，加快发展秸秆大中型沼气工程。

利用稻草、麦秸等秸秆为主要原料生产沼气，发酵装置和建池要求与以粪便为原料沼气完全相同。主要工艺流程：稻草或麦秸等—粉碎—水浸泡—堆沤（稻草或麦秸等加入速腐剂及部分人、畜粪便）—进池发酵—产气使用。

三、秸秆直接燃烧发电技术

秸秆发电就是以农作物秸秆为主要燃料的一种发电方式，又分为秸秆气化发电和秸秆燃烧发电。秸秆气化发电是将秸秆在缺氧状态下燃烧，发生化学反应，生成高品位、易输送、利用效率高的气体，利用这些产生的气体再进行发电。但秸秆气化发电工艺过程复杂，难以适应大规模应用，主要用于较小规模的发电项目。秸秆直接燃烧发电技术是指秸秆在锅炉中直接燃烧，释放出来的热量通常用来产生高压蒸汽，蒸汽在汽轮机中膨胀做功，转化为机械能驱动发电机发电。

秸秆发电是秸秆优化利用的主要形式之一。随着《可再生能源法》和《可再生能源发电价格和费用分摊管理试行办法》等的出台，秸秆发电备受关注，目前秸秆发电呈快速增长趋势。秸秆是一种很好的清洁可再生能源，每两吨秸秆的热值就相当于一吨标准煤。在生物质的再生利用过程中，对缓解和最终解决温室效应问题将具有重要贡献。秸秆现已被认为是新能源中最具开发利用规模的一种绿色可再生能源，推广秸秆发电，将具有重要意义。

四、秸秆炭化技术

秸秆的炭、活化技术是指利用秸秆为原料生产活性炭技术，因秸秆的软、硬不同，可分为两种生产加工方法。

（1）软秸秆。如稻草、麦秸、稻壳等，可采用高温气体活化法，即把软质秸秆粉碎后在高压条件下制成棒状固体物，然后进行炭化，破碎成颗粒，通过转炉与900℃左右水蒸气进行活化造孔，再经过漂洗、干燥、磨粉等工艺制成活性炭。

（2）硬度较强的秸秆。如棉柴、麻秆等，可采用化学法。即把硬质秸秆粉碎成细小颗粒状，筛分后烘干水分控制在25%左右。经过氯化锌、磷、酸、盐酸等，配制成适合的波美度和pH值溶液浸泡

4~8h，进行低温炭化（250~350℃）和高温活化（360~450℃），再经回收（把消耗的原料析出再经过煮、漂洗、烘干、筛分、磨粉等工艺）制成活性炭。

五、秸秆气化技术

秸秆燃气的技术原理是利用生物质通过密闭缺氧，采用干馏热解法及热化学氧化法后产生的一种可燃气体，这种气体是一种混合燃气，含有一氧化碳、氢气、甲烷等，亦称生物质气。根据北京市燃气及燃气用具产品质量监督检验站秸秆燃气检验报告得知：可燃气体中含氢 15.27%、氧 3.12%、氮 56.22%、甲烷 1.57%、一氧化碳 9.76%、二氧化碳 13.75%、乙烯 0.10%、乙烷 0.13%、丙烷 0.03%、丙烯 0.05%，合计 100%。

农民使用秸秆燃气可以从以下两个方面：第一，靠秸秆气化工程集中供气获得。第二，可以利用生物质自己生产。秸秆气化工程一般为国家、集体、个人三方投资共建，一个村（指农户居住集中的村）的气化工程需投资 50 万~80 万元，在我国目前大约有 200 多个村级秸秆气化工程。农民自产自用的秸秆燃气，主要靠家用制气炉进行生物质转化，投资不大，一般在 300~700 元。

六、秸秆降解制取乙醇技术

依托秸秆纤维乙醇产业化技术优势，强调秸秆资源的综合利用和阶梯利用方式，可采取“醇—气—电—肥”模式建设纤维乙醇工厂，实现木质纤维素分类利用，纤维素生产乙醇，半纤维素生产沼气联产，木质素残渣发电供热，沼渣、沼液制有机肥；可结合现有秸秆电厂，采取“醇—电”联产模式，首先利用秸秆中的纤维素生产乙醇，剩余木质素废渣作为电厂燃料和半纤维素等产生的沼气联产发电；可与现有糠醛木糖厂相结合，纤维素生产乙醇，半纤维素生产糠醛或木糖，木质素残渣发电，重点解决醇、气、电一体化技术和装备系统集成。

第六章　小　　麦

第一节　一年两熟区小麦免耕碎秆覆盖技术

工艺流程：小麦收割前灌水造墒→小麦联合收割机收割→小麦秸秆粉碎或浮秆捡拾打捆外运→免耕施肥精量播种（玉米）→化学除草、除虫→排灌渠开挖→玉米田间管理（病虫害防治、灌水、中耕追肥除草）→玉米收割→秸秆残茬处理→免耕播种（小麦）→小麦田间管理→小麦收割。

特点：两茬全部免耕，抢时效果明显，耕作次数少，成本低。

一、小麦收割

在小麦蜡熟后期选用适宜联合收割机机型及时收割，小麦割茬高度控制在20~25cm。

二、小麦秸秆粉碎或浮秆捡拾打捆外运

收割脱粒后的麦秸如需要捡拾外运，则可用捡拾打捆机将联合收割机脱粒后的浮秆打捆外运，不需要再进行秸秆粉碎即可直接免耕播玉米。北京郊区小麦产量较高，即使进行留茬覆盖，也可保证播后30%以上的秸秆覆盖率，同时，不进行粉碎作业，可利用根茬的牵阻作用，减少玉米播种时的堵塞。对小麦秸秆无其他用途、地表有大量浮秆的地块，则需进行粉碎作业。要求粉碎后的秸秆碎段在3~5cm，抛撒均匀。无论粉碎或外运，田间秸秆不能有不碎、拥堆现象，以免妨碍玉米播种开沟器顺利通过和排种、玉米种子着落在适墒实土上，避免秸秆成堆回移覆盖播行影响出苗。

三、免耕施肥精量播种（玉米）

(1) 施肥。在大量麦茬和麦秸还田的情况下，施肥不仅是保证玉米生长的需要，而且是调节田间土壤碳氮比，防止麦秸腐解造成微生物与幼苗争肥的现象。

①施肥用量。据研究，京郊每生产玉米100kg籽粒，需要吸收纯氮2.6kg、速效磷（P_2O_5）1.23kg、速效钾（K_2O）2.3kg。应根据品种特性和土壤的供肥能力设定切实的目标产量，确定施肥用量。据对夏玉米高产田调查，有机质含量1.20%~1.50%的良田，亩产600kg以上要施氮素2kg、速效磷（P_2O_5）9.1kg、速效钾（K_2O）7.3kg。

②底肥、追肥施肥用量比例。免耕播种的夏玉米化肥施用要根据夏玉米生长发育规律、秸秆腐解、碳氮比调节和考虑小麦–玉米两茬轮作需求合理分配各阶段施肥用量，应把磷肥侧重施于小麦，而钾肥和1/2的氮肥用作底肥。以亩产600kg玉米作基准，施肥量应为尿素18~19kg、磷酸二铵15kg，硫酸钾10kg。实际应用时可以目标产量和施肥条件的不同作适当调节。

③施肥方法。根据施肥量、肥料种类不同，底肥可以随播种机与播种分层深施或侧施，施肥量在30kg以下分层深施，30kg以上侧施，种、肥间距在5cm。尽量减少种、肥接触，防止烧苗，提高出苗安全性。

随播种施入的底肥应选用颗粒化肥，并应在播种前进行检查，不得有大于0.5cm的块状化肥存在，以保证化肥的流动性和施肥量准确、均匀。

其他玉米生长所需肥料可在追肥时施入。

(2) 精量播种

①选用品种。免耕播种相对传统种植方式使播期提前，为玉米增产提供了光热资源条件。宜选用生育期100d左右、抗病性适应性较强、籽粒和秸秆品质好的品种。根据京郊地区发展需求，要考虑青贮和粮用选择适当品种。其中青贮类品种有高油115、鲁单052、

科青 2 号、墨白等；粮用品种有中元单 32、京玉 10、京早 13、中金 608、尊单 1 等。

②种子处理。播种前必须对玉米种子进行处理。

清选。为提高种子饱满度、纯度和净度，播前需对种子清选，可用人工、清选机、扬场机等清选。

晾晒。播种前在 30℃下晾晒 1~2d，使含水量降到13%左右，经清选晾晒后的种子应达到发芽势和发芽率 95%以上质量要求。

种子包衣、拌种。能提高防治地下害虫、防病的能力，提高出苗速度与整齐度。

发芽、出苗率试验。选择与生产情况相同的条件，提前 4~6d 播下 4 个百粒一组的样段，观察出苗率。

③播期确定。尽早播种不但有利于玉米产量的提高，也有利于籽粒和青贮品质的提高，而且可提前收获。京郊地区在 6 月 20 日以前完成播种，能保证生育期 100~105d 的品种在 10 月 1 日左右成熟。因此，应在田块准备好后，及时播种。播种质量要求如下。

密度精准。对密度的要求是玉米品种的特性之一，夏玉米对栽培密度反应敏感。具体的密度要求因品种而异，并结合土壤肥力条件和种植目的考虑。

青贮玉米：叶片上冲、紧凑型品种 4 500~4 800 株/亩；叶片平展、茎叶繁茂性品种 4 300~4 400 株/亩。

粮用玉米：紧凑型品种 4 000~4 500 株/亩；平展型品种 3 500~4 000 株/亩。

确定播种行距和株距。行距确定要兼顾玉米收割机配套使用，以 60cm、66cm、70cm 三种行距为宜。株距可依密度（亩基本株数）和行距（m）决定，假定种子发芽率 100%，按株距 $=\frac{666.7}{\text{行距}\times\text{密度}}$（m）

确定株距并调整播种机。要求密度精准，行距、株距误差均不超过 5%。

④播深。壤土地块播种深度在 3~5cm 为宜，沙性土壤在 5~6cm

为宜。要求同一地块、同一播行内播深一致，最大变幅间距不超过1cm，以实现出苗整齐一致。种子着落在实土上并覆土严实，没有秸秆覆盖和支垫。

四、化学除草、除虫

玉米苗期主要的虫害是由小麦后期留转寄生的黏虫，通过麦茬及茬间杂草转到玉米幼苗。如果在小麦生长后期没有防治，可在玉米播后出苗前结合化学除草喷药防治，也可在虫害初期进行防治。可用50%辛硫磷乳油5 000~7 000倍液、90%敌百虫乳油1 000~1 500倍液或50%敌敌畏乳油2 000~3 000倍液，每亩用量60kg。

对播前残留明草可用草甘膦进行茎叶处理，用药量为10%草甘膦铵盐水剂1 000mL兑水60L兑水10L机械喷施。

防治苗后出生杂草，可用40%莠去津乳剂75g+85%乙草胺乳油50g兑水40L喷雾，进行土壤处理。茎叶处理和土壤处理除草可同时进行，两类药剂总量合并一次喷雾。一般情况下除虫和除草应分别防治为宜，若合并防治。

五、玉米田间管理

玉米田间管理的主要任务有中耕除草追肥、病虫害防治和根据需要灌水等。

(1) 中耕追肥除草。根据多年试验和生产实践，可参考玉米叶龄指数（玉米展开叶数与总叶片数之比）决定追肥的时间。叶龄指数为50%时是玉米雌穗小穗分化期，时间在玉米出苗后一个月左右。此时可一次将剩余钾肥、氮肥追入，追肥效果好。追肥的方法有：结合机械中耕深施覆土、人工穴施或随浇水喷施。喷灌施肥应在喷肥前后各喷20min清水，以防烧叶。

(2) 病虫害防治。玉米长到大喇叭口之后荫蔽度增加，加上雨季来临，易发生病虫害。主要病害有大斑病、小斑病、褐斑病、纹枯病和病毒病等。为了防止病害发生和流行，应在病发初期喷施杀菌剂防治，对病毒性病害则要消灭传病媒介虫源。

中后期虫害主要是玉米螟和玉米蚜虫。玉米螟可通过释放赤眼蜂、喷施白僵菌活孢子或心叶中点放4%辛硫酸乳油、BT颗粒剂等方法防治。而玉米蚜虫大量聚集在上部叶片和天穗、花丝处并排出蜜露，用20%抗蚜威可湿性粉剂10g兑水15L喷雾防治。药剂防治应在抽雄扬花前开始至收割前2~3周进行。

（3）灌水。除玉米生长期根据生长需要和土壤含水量进行浇水外，在玉米收获前应根据土壤含水量进行必要的浇水，其目的是为下茬小麦播种造墒。

小麦适宜播种的土壤耕层含水量为18%~20%，相当土壤田间持水量的60%~80%。北京郊区小麦播种适期为9月25日至10月5日，而降水多在7月至8月，常出现播种时土壤墒情不足，因此应在播前灌水造墒。由于玉米收割和小麦播种的农耗很短，玉米收割后造墒会造成小麦晚播，因此可根据需要在玉米收割前灌水造墒。一般是黏土地提前造墒，沙土地晚造墒。根据土壤耕层含水量与指标要求差值决定灌水量，一般情况喷灌6~8h。

六、秸秆残茬处理

对前茬玉米秸秆和残留物处理分为青贮玉米和粮用玉米两种情况。由于青贮玉米大量的地上生物产量被收割外运，剩余的残茬和地表杂草存量对小麦免耕播种机的开沟器正常通过影响不大，可直接进行播种作业。粮用玉米收割果穗后，若秸秆新鲜度好则可将其收割用作青贮，对不适宜青贮和不需要青贮的秸秆要用秸秆粉碎机械进行粉碎、抛撒等处理。要求秸秆碎段长度不超过3cm，抛撒均匀，不能在地表形成拥堆等有碍播种开沟器顺利通过的情况。此外还需对杂草严重的点片位置进行重点清理或粉碎。

第二节　精细整地与施肥技术

一、精细整地

衡量一块好地的标准是“厚、足、深、净、细、实、平”，这也是精细整地的基本要求。所谓“厚”，就是土地肥沃，土壤肥料要充分，营养要全面。肥水管理做到因地制宜，配方施肥。“足”就是足墒，使小麦有充分水分发芽，利于实现苗全、苗壮。“深”就是深耕，耕层深度要达到25~30cm，要打破犁底层，破除板结，有利于养分的输送。农谚讲“深耕加一寸，顶上一遍粪”，说明了深耕的增产作用。深耕不要每年进行，一般要3年一次，也就是“旋3耕1”，3年旋耕，1年深耕，若只旋不耕，根系难以下扎，不利于养分的吸收利用，从而影响产量。目前多采取机械深松，深松深度一般25~40cm。“净”就是不要有大的根茬和较长的秸秆，以便于播种和出苗。否则，土壤过于蓬松，水分蒸发过快，不利于保墒和出苗，即使出苗，也不利于根系下扎，易土壤悬空造成“吊苗”而导致缺苗断垄，从而影响产量。“细”就是细耙，做到无明暗坷垃。若坷垃多，影响播种和出苗，农谚有“麦子不怕草，就怕坷垃咬”。“实”就是土壤上松下实，表面不板结，下层不架空。表面板结不利于出苗，下层架空易造成吊苗，直接影响小麦高产。“平”就是地面要平整，灌溉是不冲不淤，寸水棵棵到，利于灌溉，为给小麦提供充足的水分打好基础。

精细整地一般要注重三大环节。一是深松、耕翻。土壤深耕或深松使土质变松软，土壤保水、保肥能力增强，是抗旱保墒的重要技术措施。耕翻可掩埋有机肥料、粉碎的作物秸秆、杂草和病虫有机体，疏松耕层，松散土壤。降低土壤容重，增加孔隙度，改善通透性，促进好气性微生物活动和养分释放。提高土壤渗水、蓄水、保肥和供肥能力。二是少耕、免耕，隔三年深耕或深松。以传统铧式犁耕翻，虽具有掩埋秸秆和有机肥料、控制杂草和减轻病虫害等优点，但每年用这种传统的耕作工序复杂，耗费能源较大，在干旱年份还会因土壤失墒较严重而影响小麦产量。由于深耕效果可以维持多年，可以不必年年深耕。三是耙耢、镇压。耙耢可破碎土垡，耙碎土块，疏松表土，平整地面，上松下实，减少蒸发，抗旱保墒；在机耕或旋耕后都应根据土壤墒情及时耙地。旋耕后的麦田表层土壤疏松，如果不耙耢镇压以后再播种，会发生播种过深的现象，形成深播弱苗，严重影响小麦分蘖的发生，造成穗数不足；还会造成播种后很快失墒，影响次生根的喷发和下扎，造成冬季黄苗死苗。镇压有压实土壤、压碎土块、平整地面的作用，当耕层土壤过于疏松时，镇压可使耕层紧密，提高耕层土壤水分含量，使种子与土壤紧密接触，根系及时喷发与伸长，下扎到深层土壤中，一般深层土壤水分含量较高较稳定，即使上层土壤干旱，根系也能从深层土壤中吸收到水分，提高麦苗的抗旱能力。

二、小麦测土配方施肥技术

（1）小麦测土配方施肥概念。小麦测土配方施肥技术是以测试土壤养分含量和田间肥料试验为基础的一项肥料运筹技术。主要是根据实现小麦目标产量的总需肥量、不同生育时期的需肥规律和肥料效应，在合理施用有机肥的基础上，提出肥料（主要是氮、磷、钾肥）的施用量、施肥时期和施用方法。

（2）小麦需肥量计算。小麦测土配方施肥技术主要是根据实现小麦目标产量的总需肥量、不同生育时期的需肥规律和肥料效应，在合理施用有机肥的基础上，提出肥料（主要是氮、磷、钾肥）的施用量、施肥时期和施用方法。根据研究，每生产 100kg 籽粒，小麦植株需吸收纯氮 3. 1kg、磷 1. 1kg、钾 3. 2kg 左右，三者比例为 2. 8：1. 0：3. 0，随产量水平的提高，小麦氮、磷、钾的吸收总量相应增加。冬小麦起身以前麦苗较小，氮、磷、钾吸收量较少，拔节期植株开始旺盛生长，拔节期至成熟期，植株吸氮量占全生育期的 56%，磷占 70%，钾占 60%左右。通过测土，了解土壤各种养分供应能力，从而确定小麦合理施肥方案，使小麦均衡吸收各种营养，维持土壤肥力水平，减少肥料流失对环境的污染，达到优质、高效和高产的目的。只有根据上述小麦的需肥量和吸肥特性、土壤养分的供给水平、实现目标产量的需肥量、肥料的有效含量及肥料利用率，配方施肥才能达到小麦需肥与供肥的平衡，获得小麦的高产优质高效。

（3）小麦测土配方施肥技术要点。一是增施有机肥。有机肥和化肥相比较，具有养分全面、改善土壤结构等优点，因此说保证一定的有机肥用量是小麦丰产丰收的基础，一般亩用有机肥 2 000~2 500kg，多用更好。二是稳氮、磷，增钾肥。具体施肥指标是：低产田（亩产 150~250kg）：每亩小麦需施肥折合纯氮 6.5~7.0kg，五氧化二磷 3.0~4.5kg，氧化钾 5~6kg。具体施肥时掌握亩用小麦配方肥（18-12-18）40~50kg 或亩用尿素 20kg，过磷酸钙 40~50kg，氯化钾 10~15kg。亩产 300~500kg，每亩小麦需肥量折合纯氮 12~16kg，五氧化二磷 5~8kg，氯化钾 8~12kg，锌肥 1kg，具体施肥掌握氮肥 60%作基肥（含种肥），其余均作底肥一次性施入，亩施底肥用量为小麦配方肥（18-12-9）50~60kg，加锌肥 1kg 或亩用尿素 25~30kg，磷酸二铵 10~15kg，氯化钾 20kg，硫酸锌 1kg。三是酌情追肥。小麦一生中吸收的养分虽然前期十分重要，但用量少，其需肥高峰一般在中期偏后，因此说，应酌情追肥，特别是氮肥在土壤中易于流失，有水浇条件地块应分次追施，建议追肥比例为 50%。当然无水浇条件地块仍应采用“一炮轰”施肥方法。

第三节　小麦宽幅播种技术

一、农机具选择及使用

加强农机具管理，充分发挥其应有的作用，是实现小麦丰产的一项重要措施。一般地块，机耕机播可增产 15%~20%。生产上要求在播前 15d 应完成拖拉机、犁耙和播种机等农机具的检修和适当的调整工作，并备足必要的配件。对播种机械要求在播前试播，保证下种量准确，播深适宜，行距适当，各垄之间下籽均匀一致。机械播种 20 世纪已经普及，为逐渐改变农民“有钱买种，无钱买苗”播种量偏大的观点，在农机和农技技术人员的指导下，研制生产了半精量播种机，实现了由机械播种到宽幅播种的转变。由于宽幅播种机结构简单、价格低，操作简单，一时风靡全国合理选用小麦播种机。比较普遍的播种机主要有以下 6 种类型。

(1) 2BMB 型小麦半精量播种机。结构特点：采用外槽轮式排种器，为解决外槽轮式排种的脉冲性，避免“疙瘩”苗，采用提升排种高度增加种子下落时间，并用塑料褶皱管输种。采用锄铲式开沟器，沟底平滑，播深一致性高。适应于土地平整，无明暗坷垃，土壤中秸秆量少的区域。

(2) 2BJM 型锥盘式小麦精量播种机。根据小麦“精播高产”理论，由中国农机院研发的小麦精量播种机批量生产，将“精播高产”从理论变成现实生产力，推动了小麦产量的提高。同时，也将农机农艺结合推向一个新的阶段。结构特点：采用金属锥盘型孔排种器，实现了单粒连续排种。使用条件：精细整地，深耕细耙，上松下实，无明暗坷垃；种子分级处理，籽粒饱满大小一致，拌种包衣区域。

(3) 耧腿式、圆盘式播种机。结构特点：这两种播种机都采用外槽轮式排种器，属于半精量播种范围，目前是小麦棉花、小麦西瓜间作套种区域应用最多的两种小麦播种机。应用范围：耧腿式主要应用于秸秆还田面积少的地区；圆盘式播种机主要应用于秸秆还田面积大的地区。耧腿改圆盘，为的是适应秸秆还田，解决秸秆堵塞问题。存在的问题：在整地质量不高的土壤中，易播深；缺少镇压装置。

(4) 双圆盘开沟器式播种机。工作原理：双圆盘刃口在前下方相交于一点，形成夹角。工作时，靠自重及附加弹簧压力入土，圆盘滚动前进形成种沟。输种管将种子导入沟中，靠回土及沟壁塌下的土壤覆盖种子。优点：由于圆盘有刃口，滚动式可以切断茎秆和残茬，在整地条件差、坷垃多、湿度大地块能稳定工作；适应于较高速工作；开沟时不乱土层，能用湿土覆盖种子。缺点：结构复杂、重量大、造价高、开沟阻力大，播幅窄，不能形成宽幅，播后一条线，苗拥挤。

（5）小麦宽幅精量播种机。其结构特点：通过改进外槽轮形状，形成螺旋形窝式槽轮排种器，实现单粒精播；同过双排梁结构，是开沟铲前后排列，提高通过性，避免防堵塞；采用双管下种，开沟器底部凸版实现宽幅播种。整体结构简单，价格低。使用条件：精耕细整，耕地前要将底肥撒施地表；秸秆还田或土壤暄松的地块，播前要全面镇压。使用注意事项：为保证播幅宽度，播种畦面要整理平整，保持播种机左右水平作业；为保证苗幅左右两侧密度均匀一致，前后排种器工作长度要一致；为提高播种精度，将塑料褶皱管改成塑料光管；为保证种子间距，输种管长度要合适，避免弯曲，减少种子在管中的碰撞。目前，这种播种机所占比例最大，高达80%以上。

（6）小麦免耕播种机。小麦免耕播种就是在玉米收获秸秆粉碎后，在未耕作的土地上用专用免耕播种机，一次完成开沟、施肥、播种、覆土、镇压等工序的作业。与传统播种机相比，最大差别是没有对土壤全部耕翻，仅耕翻小麦播种地方。秸秆置于未种小麦的地表，起覆盖保墒作用。结构特点：具有小麦播种和耕整地双重功能，播前不必再耕作整地或破茬作业，采用外槽轮式排种器，属于半精量播种。采用燕尾型强制分种板，增加播种幅宽。免耕播种的优点：大量利用了玉米秸秆，培肥地力、蓄水保墒、省工省时、增加肥效。小麦免播的难点：地表玉米秸秆量大、玉米根茬硬，开沟入土困难；地表平整度差，播深控制困难；秸秆量大，机具通过性相对较差。免耕播种机种类比较多，有国外大型被动圆盘式播种机、靠自重切断稻秆开沟播种、多排梁式加强耧腿式播种机。通过耧腿开沟播种，适用于一年一作地区。主动旋刀开沟式播种机。利用旋转的刀具开沟、分草、播种、覆土，适用于一年两作区。因这类播种机械将多次作业程序融为一体，减少田间作业程序，减少机械碾压次数，节约劳动用工和能源消耗，一体机将代替分体机，是小麦播种机的发展方向。

二、小麦宽幅精播机的使用与调整

（1）培训播种机手。要认真学习宽幅精播机使用说明书，熟悉播种机性能，可调节的部位，运行中的规律等，只有播种机手熟悉掌握了宽幅精播机机械性能和作业技能，才能有效地掌握播种量，播种深浅度，下种均匀度，才能提高播种质量，实现一播全苗的要求。

（2）选择牵引动力。例如第3代6行小麦宽幅精播机应用15~18马力（1马力≈735W）拖拉机进行牵引。

（3）调整行距。行距大小与地力水平、品种类型有直接关系，小麦宽幅精播机应根据当地生产条件自行调整。

（4）调整播量。首先松开种子箱一端排种器的控制开关，然后转动手轮调整排种器的拨轮，当拨轮伸出一个窝眼排种孔时，播种量约为3.5kg/亩，前后两排窝眼排种孔应调整使数目一致，当播种量定为7kg/亩时，应调整前后两排二个窝眼排种孔，以此类推。播种量调整后，要把种子箱一端排种控制锁拧紧，否则会影响播种量。种子盒内毛刷螺丝拧紧，毛刷安装长短是影响播种量是否准确的关键，开播前一定要逐一检查，播种时一定要定期检查，当播到一定面积或毛刷磨短时应及时更换或调整毛刷，否则会影响播种量和播种出苗的均匀度。确定播种量最准确的方法是称取一定量的种子进行实地播种，验证播种量调整是否符合要求，有误差要重新调整，直至符合播种要求。

（5）播种深度。调整播种深度的方法，是先把播种机开到地里空跑一圈，看一看各楼腿的深浅情况，然后再进行整机调整或单个楼腿调整。一般深度调整有整机调整、平面调整和单腿调整。所谓整机调整是在6行腿平面调整的基础上，调整拖拉机与播种机之间的拉杆；平面调整就是在地头路上把6行腿同落地上，达到各楼腿高度一致，然后固定“U”形螺圈；单腿调整就是单行腿深浅进行调整，特别是车轮后边楼腿要适当调整深些。

（6）翻斗清机，更换品种。前支架左右上方有两个控制种子箱的手柄，当播完一户或更换种子时，将两个控制手柄松开，让种子箱向后翻倒，方便清机换种。

三、小麦宽幅精播机田间操作与调整

（1）认真检查。播种机出厂经过长途运输，安装好的部件在运输过程中易造成螺丝松动或错位等现象，机手在播种前应对购买的播种机进行“三看三查”：一看种子箱内12个排种器窝眼排种孔是否与播种量相一致，查一查排种开关是否锁紧，毛刷螺丝是否拧紧，排种器两端卡子螺丝是否拧紧。二看行距分布是否均匀，是否符合要求，查一查每腿的“U”形螺栓是否松动，排种塑料管是否垂直，有没有漏出楼腿或弯曲现象等。三看播种深浅度，查一查6行腿安装高度是否一致，开空车跑上一段，再一次的进行整机调整和单楼腿调整，以达到深浅一致，下种均匀。

（2）控制作业速度。播种速度是播种质量的重要环节，速度过快易造成排种不匀、播量不准，行幅过宽，行垄过高等问题，建议播种时速为2挡速较为适宜，作业时拖拉机前进速度以每小时4～5km为宜。

（3）注意环境因素影响。对秸秆还田量较大或杂草多、过黏的地块，播种时间应安排在下午，避免土壤湿度过大，造成壅土，影响正常播种。同时，每到地头要仔细检查耧腿缠绕杂草情况，及时去除缠绕，以免影响播种质量。

四、小麦宽幅精播机使用中的问题

（1）播种量调节幅度过大问题。设计者根据目前小麦生产情况设计的低量（1个窝眼）小麦精量播种，基本苗在8万苗左右；中量（2个窝眼）小麦半精播，基本苗在14万苗左右；高量（3个窝眼）为传统播量，基本苗在20万苗以上。因为小麦生长周期长，自动调节性强，故应根据地力水平、播期时间等来确定适宜的播种量。在地力水平高，适期播种前提下，适当减少播种量，对产量是没有影响的。

（2）播种后出现复沟问题。由于当前小麦生产中多以旋耕为主，加上秸秆还田，往往造成播种过深，影响苗全苗壮，而宽幅播种后带有复沟，就解决了生产中深播苗弱的问题。有用户提出浇水垄土下榻埋苗，经过三年实践证明，浇水垄土下榻有压小蘖、培土增根、防倒伏的作用，所以，留有复沟利大于弊。经多年试验，播种时只要耧腿不缠绕杂草，小麦播种复沟不影响小麦正常浇水。

五、宽幅精播机使用注意事项

（1）机具严禁倒退，否则将损坏排种器和毛刷。

（2）使用前应检查各紧固件是否拧紧，各转动部位是否灵活。

（3）工作时排种器端部的锁紧螺母及各个排种器两端的固定卡不许松动，否则会影响播种量。

（4）机具在播种期间需重新调整播种量时，一定要把排种器壳内的种子清理干净再进行调整，否则，排种器播轮挤进种子后，将损坏排种器。

（5）工作过程中，链轮、链条要及时加油。

（6）机具长期不用时，应将耧斗内的种子和化肥清理干净，各运动部件涂上防锈油，置于干燥处，不允许长期雨淋、暴晒。

六、小麦宽幅精播高产高效综合栽培技术

实行小麦宽幅精播机播种旨在："扩大行距，扩大播幅，健壮个体，提高产量"。首先是扩大播幅，改传统密集条播籽粒拥挤一条线为宽播幅（8cm）种子分散式粒播，有利于种子分布均匀，无缺苗断垄、无疙瘩苗，也克服了传统播种机密集条播造成的籽粒拥挤，争肥，争水，争营养，根少苗弱的生长状况。其次是扩大行距，改传统小行距（15~20cm）密集条播为等行距（22~26cm）宽幅播种，由于宽幅播种籽粒分散均匀，扩大小麦单株营养面积，有利于植株根系发达，苗蘖健壮，个体素质高，群体质量好，提高了植株的抗寒性，抗逆性。

第四节　小麦适期适量播种

一、小麦适期播种的一般要求

（一）冬前积温

现有生态条件下，小麦从播种到种子萌动需≥0℃积温 22.4℃，以后胚芽鞘每生长 1cm，约需≥0℃积温 13.6℃，所以，从种子萌动到出土需积温 68.0℃；第一片真叶生长 1cm，约需≥0℃积温 13.6℃，因此，从出土到出苗又需≥0℃积温 27.2℃，累积小麦从播种到出苗需要 117.6~120℃。当日均温为 10℃左右时，生长 1 片叶需≥0℃积温 75℃，因此，冬前麦苗长出 6 叶或 6 叶 1 心，需积温 450~525℃，长出 7 叶或 7 叶 1 心，需≥0℃积温 525~600℃。

另据生产实践验证，弱冬性品种冬前壮苗具有 5 叶一心或 6 叶，冬性品种冬天壮苗具有 6 叶或 6 叶 1 心，所以，从播种至形成壮苗，弱冬性品种需≥0℃积温 550℃左右，半冬性品种需≥0℃积温 550~650℃。积温指标确定以后，再根据当地常年日平均温度的变化资料，从日均温稳定降至 0℃之日起向前推算，将的温度值加起来，直到其总和达到既定积温指标为止。这个终止日期即为当地弱冬性或冬性品种的适宜播期，这一日的前后 3d 即为其适宜播期范围。

（二）品种特性

不同感温、感光类型品种，完成发育要求的温光条件不同。冬性品种宜早播，半冬性品种次之，偏春性品种可稍晚播种。冬性品种为日平均气温 18~16℃，弱冬性品种一般在 16~14℃，即在 10 月上旬至 10 月中旬播种。

（三）土、肥、水条件

在上述适宜范围内，适宜播期还要根据当地的土壤肥力、地形等进行调整。黏土地质地紧密，通透性差，播期宜早；沙土地播期宜晚；盐碱地不发小苗，播期宜早。水肥条件好，麦苗生长发育速度快，播期不宜早；旱地或墒差时，播期宜早。

二、确定适宜播种量

基本苗数是实现合理密植的基础。生产上通常采取“以地定产，以产定穗，以穗定苗，以苗定子”的方法确定适宜播种量，即以土壤肥力高低确定产量水平，根据计划产量和品种的穗粒重确定合理穗数，根据穗数和单株成穗数确定基本苗数，再根据基本苗和品种千粒重、发芽率及田间出苗率等确定播种量。

播量计算方法。亩播量应根据亩基本苗数、种子净度、籽粒大小、种子发芽率和出苗率等因素来确定。

一般当种子净度在99%以上，可以不考虑“净度”这项因素。如果计划基本苗数为16万苗，所采用的品种千粒重为42g，发芽率为95%，出苗率为85%。生产实践中，播种量还应根据实际生产条件、品种特性、播期早晚、包衣剂属性、栽培体系类型等加以调整：土壤肥力很低时，播量应低，随着肥力的提高而适当增加播量，当肥力较高时，相对减少播量；冬性强，营养生长期长、分蘖力强的品种，适当减少播量，而春性强、营养生长期短、分蘖力弱的品种，适当增加播量；播期推迟应适当增加播种量；采用三唑酮等杀菌剂包衣或拌种的要适当加大播种量；不同栽培体系中，精播栽培播量要低，独秆栽培要密等。

第五节　冬小麦保护性耕作技术

一、适宜条件

本技术工艺体系适用于一年一熟小麦种植地区，年平均气温12℃左右，0℃以上积温为4 000℃以上，10℃以上积温为3 600℃以上，无霜期180d左右，年降水量450mm左右，土壤以褐土为主，土壤比阻一般在1左右。

二、一年一熟冬小麦保护性耕作技术

（1）免耕秸秆覆盖体系。其工艺流程如下。

收割小麦→秸秆覆盖→（休闲期化学除草）→免耕施肥播种→田间管理（查苗、补苗等）→越冬→化学除草→病虫害防治→收割（工艺流程中带括号的作业为根据具体情况选择性作业，全文同）。

该技术体系适用于亩产200kg以下、表土平整、疏松的地块。其工艺规程如下。

①收割。可采用联合收割机、割晒机收割或人工收割。要求留茬高度保持在20cm左右，脱粒后的秸秆在地表均匀覆盖。如用联合收割机收割，应将成条或集堆的秸秆人工挑开；如采用割晒机收割或人工收割，应将脱粒后的秸秆运回田间均匀覆盖。其目的是更好地发挥秸秆覆盖的保水保土作用且防止由于覆盖不均匀造成后续播种作业时的堵塞。

②休闲期除草。根据休闲期田间杂草的实际生长情况进行。一般若休闲期降水少，田间杂草少时，可人工除草或不除草；严格控制杂草滋生；按除草剂说明书使用农药，防止污染和产生药害；因连雨天无法用化学防除法控制杂草时，可用人工或浅松机械除草，并要求在播种前完成。

③免耕施肥播种。在小麦播种适期及时播种。其要求如下。播种用种子应清洁无杂，发芽率应达到90%以上；为减少病虫危害应按拌种剂的使用说明进行农药拌种；随免耕播种进行的施肥应用颗粒肥料，不得有大的结块；播种中应随时观察，防止由于排种管、排肥管堵塞而造成漏播；遇到秸秆堵塞时应及时清理并重播，以保持较高的播种质量。

④查苗、补苗。小麦出苗后应及时查苗；如有漏播应及时补苗。

⑤返青后的田间管理。返青后的田间管理主要是进行除草和病虫害防治。

（2）免耕碎秆覆盖体系。其工艺流程如下。

小麦收获→秸秆粉碎还田覆盖→（休闲期化学除草）→免耕施

肥播种→田间管理（查苗、补苗等）→越冬→化学除草→病虫害防治→收割。该技术体系适用于亩产 200~300kg、地表平整、土壤疏松的地块。

工艺规程：免耕碎秆覆盖体系的工艺规程与前述免耕秸秆覆盖体系基本相同。不同之处是小麦的秸秆量大，需要在小麦收割后对覆盖还田的秸秆进行粉碎处理。

秸秆粉碎还田覆盖有 2 种作业工艺可供选择。一种是用自带粉碎装置的联合收割机收割小麦，要求留茬高度 10cm 左右，使较多的秸秆进入联合收割机中粉碎，对停车卸粮或排除故障时成堆的秸秆和麦糠人工撒匀。另一种是用不带粉碎装置的联合收割机收割或采用割晒机或人工收割后覆盖在田间的秸秆较多、较长，需要进行专门的秸秆粉碎。对后一种收割工艺，可采用高留茬（20cm 左右），以减少收割机的喂入量，提高效率；对覆盖在田间的秸秆可利用秸秆粉碎机粉碎还田。秸秆粉碎作业的时间可在收割后马上进行，也可在稍后田间杂草长到 10cm 左右时进行，这样可在进行秸秆粉碎的同时完成一次除草作业，减少作业次数，降低成本。

（3）秸秆覆盖+表土作业体系。其工艺流程如下。

小麦收割→秸秆粉碎还田覆盖→（休闲期化学除草）→播种前表土作业→施肥播种→田间管理（查苗、补苗等）→越冬→化学除草→病虫害防治→收割该技术体系适用于亩产 350kg 以下、地表不平的地块。

工艺规程：其作业与免耕秸秆覆盖体系和免耕碎秆覆盖体系基本相同，不同之处是当播前地面不平、地表秸秆量过多、杂草量过大或表土状况不好时，播种前需进行一次表土作业。目前，表土作业可供选择的有浅松、耙地和浅旋三种。三种表土作业的选择原则和要求各不相同。

①浅松。浅松作业是利用浅松铲在表土下通过，利用铲刃在土壤中的运动，达到疏松表土、切断草根等目的，利用浅松机上自带的碎土镇压轮（辊）使表土进一步破碎和平整；浅松作业不会造成土壤翻转，因而不会大量减少地表秸秆覆盖量，主要目的为松土、

平地和除草。要求：播前宜耕湿度时进行，浅松深度为8cm左右。

②耙地。地表秸秆量较大且杂草量一般、地表状况较差时采用。要求：用轻型耙进行；在播前15d左右或更早宜耕湿度时进行；耙深要求小于10cm。

③浅旋。地表秸秆量过大、腐烂程度差、杂草多、地表状况差时采用。要求：播前15d或更早时进行，以保证有足够的时间使土壤回实；浅旋深度为5~8cm。

表土作业均有除草作用，可代替休闲期的一次喷除草剂除草。浅旋对土壤破坏较大，尤其是会打死表土中的蚯蚓，不符合保护性耕作少扰动土壤的要求，一般只能是缺乏其他表土作业手段时的一种过渡。

（4）深松碎秆（整秆）覆盖体系。其工艺流程如下。

小麦收割→（秸秆粉碎还田覆盖）→深松→（休闲期化学除草）→（表土作业）→施肥播种→田间管理（查苗、补苗等越冬→化学除草→病虫害防治→收割该技术体系适用于多年浅耕、有犁底层存在或土质坚硬、容重大（壤土1.3g/cm^3，黏土1.4g/cm^{3}以上）的地块。

工艺规程：其作业与免耕秸秆覆盖体系和免耕碎秆覆盖体系基本相同，不同之处是增加了深松作业。

①深松。深松作业可代替翻耕，与翻耕相比具有土壤扰动少，不破坏地表秸秆覆盖状态，有利于形成虚实并存的耕层结构，利于蓄水等作用。因此对于土质坚硬、多年传统翻耕土壤中存在犁底层的地块，应进行深松作业，以松代翻。其要求如下。小麦收割后及时深松，利于休闲期降水多的特点及时接纳雨水；深松的宜耕湿度为壤土含水量15%左右，因此应在适松期及时深松，以更好地保证深松质量；深松深度要达到30cm或以上，以打破原有犁底层，改善土壤结构；深松后地表要求平整，以减少对后续播种作业造成的不利影响。

需要特别说明的是，深松不需要年年进行，一般在推广保护性耕作技术初期1~2年深松一次，以后3~4年甚至间隔更长深松也不会对小麦生长发育造成大的影响。

②表土作业。为选择性作业，如果进行了秸秆粉碎和深松作业，且秸秆粉碎和深松质量较高、地表平整、秸秆覆盖均匀、播种前田间杂草较少，则可不进行表土作业。如果深松时出现深松沟和大的土块，在播种前则要增加必要的表土作业，以保证后续播种作业的顺利进行和良好的播种质量。不同表土作业的选择原则与碎秆覆盖+表土作业体系相同。

第七章 玉 米

第一节 春玉米保护性耕作技术

一年一作种植玉米地区实施保护性耕作技术，改变传统的农业生产耕作方法，种植玉米不再耕翻土地，只进行必要的深松和表土耕作，选用免耕播种机一次完成施肥、播种作业，辅以化学除草（或机械除草）和病虫害防治，达到蓄水保墒、防止水土流失、培肥地力、减少机械作业次数、节约开支、增加产量和效益的目的。

一年一熟春玉米保护性耕作技术工艺体系的适宜条件为：积温2 900℃以上，无霜期120d以上，年降水量400mm以上，水土流失严重的地区。

一年一熟春玉米保护性耕作技术工艺体系可分为以下三种。

一、免耕碎秆覆盖体系

其工艺流程如下。

收割→秸秆粉碎→（圆盘耙耙地）→休闲→免耕施肥播种→杂草控制→田间管理→收割。

该技术体系是中国农业大学多年试验证明综合效益最好的一种技术体系。其中玉米产量每亩不足500kg、冬季休闲期间无大风的地区，可取消工艺流程中的圆盘耙耙地作业；玉米产量高于每亩500kg、秋冬季风大的地区，为防止大风将粉碎后的秸秆吹走或集堆，可用重型圆盘耙耙地作业，将粉碎后的秸秆部分混入土中，可以减少大风将覆盖在地表的粉碎秸秆吹走或集堆的可能性。

其工艺规程如下。

（1）玉米收割。玉米收割一般在 9 月下旬开始，也有的地区是 10 月或 11 月收割。收割工艺有人工摘穗或机械收割两种。无论采用何种收割工艺，均应注意以下几点。

①应将玉米苞叶一起摘下运出田间，因为玉米苞叶韧性大、不易腐烂，留在田间会影响秸秆粉碎质量和翌年的播种质量。

②尽量保持玉米秸秆直立状态，减少由于拖拉机进地将玉米秸秆压倒陷入土中的情况发生。玉米秸秆陷入土中时，秸秆粉碎机的甩刀无法将秸秆切碎，会影响秸秆粉碎质量，长的秸秆会堵塞播种机，进而影响播种质量。

（2）秸秆粉碎。有的玉米收割机上自带秸秆粉碎装置，收割的同时完成秸秆粉碎作业，不再需要进行专门的秸秆粉碎作业；玉米收割时未同时粉碎秸秆的应及时进行玉米秸秆粉碎作业。要求粉碎后的碎秸秆长度小于 10cm，秸秆粉碎率大于 90%，粉碎后的秸秆应均匀抛撒覆盖地表，根茬高度小于 20cm。

（3）耙地。耙地作业为选择性作业。其目的是将粉碎后覆盖于地表的秸秆通过耙地与土壤部分混合，防止碎秸秆被大风刮走或集堆，否则一方面会影响覆盖效果，另一方面会影响翌年的播种。如当地冬季风小、风少，则可不进行耙地作业，如当地冬季风大、风多，则应进行耙地作业。耙地作业一般采用重型缺口圆盘耙作业，耙深 5~8cm，耙的偏角大小会影响秸秆覆盖率的多少，因此，应根据田间覆盖秸秆量的多少调整圆盘偏角，秸秆量少，圆盘偏角调小些；秸秆量大，圆盘偏角调大些。耙地后田间秸秆覆盖率应不低于 50%。

在试验推广玉米保护性耕作技术的过程中，多采用秸秆粉碎后用驱动滚齿耙作业工艺，效果也不错，有条件的地区可以试用。

（4）免耕施肥播种。翌年玉米适播期应及时播种。其要求如下。

①选择颗粒饱满、高产、优质的良种，净度不低于 98%，纯度不低于 97%，发芽率达到 95% 以上，并根据各地病虫害特征对种子进行包衣或其他药物处理。

②肥料选用颗粒状化肥，颗粒状肥流动性好，容易保证施肥质

量。而粉状化肥易结块，流动性差，会影响施肥效果。另外，播种、施肥前应对所施化肥进行检查，对化肥中大于0.5cm的结块先行处理（压碎），块状肥易造成堵塞，影响施肥效果。

③播种量和施肥量按当地亩保苗数和产量水平确定。一般亩产400kg左右播种量为每亩1.6~2.1kg（精量播种，非精量播种时应适当加大播种量），施肥量每亩20~30kg。

④播种时的适宜条件为：土壤5~10cm表层温度应稳定在8℃以上，0~10cm土层的含水率15%~18%。

⑤免耕播种施肥形式有垂直分施和侧位分施化肥两种，不管是垂直分施化肥还是侧位分施化肥，均应保证化肥和种子间距达到4cm以上。

⑥春季播种时气温稍低的地方，应选用能将种行上的秸秆清理到行间的免耕播种机，防止由于播种后种行上覆盖较多的秸秆影响地温上升和玉米出苗。

⑦玉米种子覆土深度为3cm左右为宜，并应适当镇压。

⑧如春季播种时表土较干，应采用深开沟，浅覆土工艺，尽量将种子播在湿土上。

（5）杂草控制。草害是影响保护性耕作技术效果的一大障碍。为了防止杂草滋生成害，必须在玉米播种后、出苗前，及时喷施除草剂，全面封闭地表，抑制杂草。除草剂品种可选莠去津等除草剂，莠去津用量为每亩0.25~0.35kg，兑水50kg。喷除草剂具体时间根据气温和风力而定，当气温稳定在10~15℃和风力小于3级时，便于喷除草剂（当气温低于10℃时效果不佳）。

施药作业时应根据地块杂草的情况，合理配方，适时打药；药剂要搅拌均匀，漏喷、重喷率不大于5%，作业前注意天气变化，注重风向。选用的植保机具要达到喷量准确、喷洒均匀、不漏喷、无后滴。雾滴大小和喷药量可随时调节。目前由于家庭承包土地责任制所致，以一家一户手压人工喷雾器为主。有条件的可配备泰山-1BC型背负式机动喷雾器进行喷药，解决化学除草的需求。

（6）田间管理。田间管理的主要任务有玉米出苗后的查苗、补苗、间苗，生育期的追肥、中耕培土、杂草控制和病虫害防治。要求如下。

①玉米生长到4~5叶时应及时进行查苗，并根据出苗情况进行补苗和间苗、定苗，间苗时应根据需要的亩保苗数确定苗间距。

②玉米生育期的杂草控制以人工锄草为主。在5月中下旬玉米3~4叶期结合间苗、定苗管理作业进行人工锄草；在玉米生长至喇叭口期的6月下旬到7月上旬，可结合给玉米追施尿素和中耕培土作业除草，要求除草彻底，解决杂草与玉米生长争水、争肥的问题。

不主张使用旋耕机进行浅旋。

③玉米收割、免（少）耕播种、杂草控制、田间管理等。作业工艺与免耕碎秆覆盖体系工艺规程相同。

二、免耕倒秆覆盖体系

其工艺流程如下。

人工摘穗收割→压倒秸秆（人工或机械）→休闲→免耕施肥播种→杂草控制→田间管理→收割。

特点为：秸秆不易被风吹走或集堆，作业成本低，适合冬季风大或机械化程度较低的地区。

其工艺规程如下。

（1）压倒秸秆。玉米收割后将秸秆压倒覆盖在地表，对土壤有良好的保护作用，冬季风大时也不易将秸秆刮走或集堆，同时，倒秆覆盖的地方还有利于控制杂草。压倒秸秆的方式有人工踩倒或机械压倒两种。

（2）免耕施肥播种。播种时根据秸秆压倒方向播种，逆向播种会产生较大的堵塞。

（3）杂草控制、田间管理等。

上述保护性耕作体系可以交替运用，如一年深松一年免耕，也可一年深松多年免耕。播种前地表杂草过多、地面不平度过大时，可以增加疏松表土（深度小于10cm）的浅松处理。深松、浅松、免耕交互运用，也有利于消灭多年生杂草及禾本科杂草。

第二节　夏玉米“一增四改”高产栽培技术

夏玉米“一增四改”高产栽培技术是针对夏玉米生产中存在的种植密度稀、施肥不合理、收获偏早、人工作业费时费力等主要问题，有目标性地进行改进改善，提高玉米种植科学化水平，增加玉米产量。

技术要点如下。

一、合理增加种植密度

一般大田生产由传统每亩不足4 000株增加到4 500株，高产田要增加到5 000株，高产攻关田可增加到6 000株以上。适当减少种子的间距，使实际播种籽粒（株）数比要求的种植密度高出10%～15%，以防发生因种子质量、虫咬等因素导致的出苗不全问题。

二、改种耐密型品种

选用耐密植、抗倒伏、适应性强、熟期适宜、高产潜力大的品种。

三、改粗放用肥为配方施肥

在前茬冬小麦施足有机肥（2 500kg/亩以上）的前提下，夏玉米以施用化肥为主。根据产量指标和地力基础确定施肥量，一般按每生产100kg籽粒施用氮（N）3kg、磷（P_2O_5）1kg、钾（K_2O）2kg计算需肥量。缺锌地块每亩增施硫酸锌1kg。一般将氮肥的30%～40%、磷、钾、微肥在机播时和种子隔开同时施入，其余60%～70%的氮肥，在大喇叭口期追施。高产田在肥料运筹上，轻施苗肥、重施穗肥、补追花粒肥。苗肥施入氮肥总量的30%左右加全部磷、钾、硫、锌肥，以促根壮苗；穗肥在玉米大喇叭口期（叶龄指数55%～60%，第11～12片叶展开）追施总氮量的50%左右，以促穗大粒多；花粒肥在籽粒灌浆期追施总氮量的15%～20%，以提高叶片光合能力，增加粒重。

四、改人工种植为精量播种

改传统人工种植、条播为单粒精播。墒情不好时播种后造墒，保证出苗整齐度。机械化操作，减少玉米用种量和用工时数，提高经济效益。

五、改传统早收为适期晚收

改变 9 月中旬收获玉米的传统习惯，待夏玉米籽粒乳线基本消失、基部黑层出现时收获，一般在 9 月底至 10 月上旬。

第三节　夏玉米生产全程机械化栽培技术

玉米全程机械化栽培技术是一种作业工序简单、省时省力、节本、降耗、增效的高产栽培技术。

一、选用适宜机收品种，满足机收要求

适于全程机械化生产的品种要求。

（1）早熟脱水快。夏播出苗后 110d 籽粒水分降到 25%左右。

（2）坚秆硬轴。田间倒伏倒折率之和不超过 3%，田间收获籽粒穗轴破碎少。

（3）抗病广谱。抗茎基腐、小斑病等主要病害，抗逆性强，适应性广。

（4）易脱粒。田间机械脱粒后籽粒破损率 5%以下。

（5）站秆力强，脱落率低。玉米生理成熟后 15d，茎秆田间站立不倒，玉米果穗脱落率小于 3%。

选用近几年表现较好的宇玉 30、京农科 728、迪卡 517、登海 518、桥玉 8 号、联创 808、圣瑞 999、怀玉 5288、先玉 335、华农 138、滑玉 168 等。

二、高质量播种技术

玉米是稀植中耕作物，个体自身调节能力很小，缺苗易造成穗数不足而减产。小麦收获后及时灭茬保墒，实现早播、一播全苗，达到苗齐、苗匀、苗壮，对高产至关重要。

（一）抢时播种，争取实现一播全苗

秋季作物播种有“春争日，夏争时”“夏播无早，越早越好”的说法。播种时间要尽可能早，早播种利于早成熟，早播种利于高产。一般要求播种时间不晚于 6 月 15 日。

土壤墒情不足或不匀，是造成缺苗断垄或出苗早晚不齐的重要原因。土壤干旱严重，土壤中的水分已不能出全苗，必须造墒播种。如墒情不足，播种后 3d 内，立即浇蒙头水，利于早出苗、出齐苗；切忌半墒造成的出苗不全。

（二）精选种子及种子处理

对种子进行分级挑选，去除烂粒、病粒、瘪粒、过小粒，目的是使种子大小一致、新鲜饱满，提高发芽势和发芽率，减少种传病虫害，保证播种后发芽出苗快速整齐、幼苗健壮均一。最好直接购买种衣剂包衣种子，如未包衣，须进行药剂拌种，以控制苗期灰飞虱、蚜虫、粗缩病等发生。

（三）一体化机械精密播种

播种是保证苗全、苗齐、苗壮的重要环节，是增产增收的基础。机械化精密播种可以精确控制播种量、株距和播种深度。精密播种机一次完成化肥深施、播种、覆土、镇压等作业。

前茬为冬小麦的地块，小麦收获后用秸秆还田机粉碎麦茬或收获同时启用收割机粉碎刀片把秸秆切成 2~3cm 后均匀抛撒于地面。

种肥同播时要将种肥一起施入土壤内，种子与种肥之间要有 5cm 以上的土壤间隔层。机械播种要深浅一致、覆土均匀，实现苗全、齐、匀、壮；选取发芽率高的种子，单粒播种，单粒率≥85%，空穴率<5%，碎种率≤1.5%，避免漏播和重播现象。播种机匀速慢

速行进，行走速度不超过 4 km/h，力争每个播种穴都出苗。

随播种将肥料施在种侧 5cm 左右、深 5~8cm 处，并尽可能分层施肥。分层施肥能提高化肥的利用率，上层肥施在播种层下方 3~5cm，占肥量的 1/3；下层肥在播种层下方 12~15cm，占肥量的 2/3。

（四）密度适当，株行距合理

一般株距 20~25cm，每亩密度 4 200~4 800株。桥玉 8 号、先玉 335、郑单 958 等竖叶型品种每亩种植密度一般为 4 500~5 000 株，对于亩产 400 ~500kg 的中高产田宜适当稀植，密度可控制在4 000~4 500株/亩；对于亩产在 600kg 以上的超高产田可以适当密植，密度可以控制在 5 000~5 500 株/亩，但要防止每亩 6 000 株以上的过密现象，因为过度密植会使植株生长细弱，而容易出现倒伏或者结实性差。

种植行距要适当，按照收获要求对行收获，对行收获才能不掉穗，一般要求 60cm 等行距种植，也可以 40cm 与 80cm 相间的宽窄行种植。

三、合理肥料运筹技术

（一）施肥量

要实现每亩 600kg 的产量指标，总需肥量为 N：18 ~ 20kg，P_2O_5：7.5kg，K_2O：7.5kg。根据中等土壤的肥力状况，施肥量定为：尿素 35kg，磷酸二铵 15kg，硫酸钾 15kg。

（二）施肥技术

1. 基肥

将 N、P_2O_5、K_2O 各含 15%的三元复合肥 40kg 左右在播种时穴播或条播。为减少用工，种粮大户和有条件的地区，生产中采用 48%缓释复合肥（26-12-10）或 45%（30-8-7 等类型）高氮三元复合肥 40~50kg，微肥可选用硫酸锌 1~2kg/亩、硼肥 0.5~1kg/亩。可随播种作业一次性施足。

2. 追肥

播种后35d左右，将尿素25~30kg施入。时间早有利于机械追施。施肥时，开沟不能距植株太近，以免伤根，施肥部位以离植株12~15cm为宜。

（三）合理灌排

玉米生育期相对较短、生长量大，又处于夏季高温季节，需水量相应较多。保证水分的供应，是获得玉米高产的重要措施。夏玉米重点浇好“三水”：播种水（又叫底墒水），抽雄水（抽雄前10d至抽雄后20d）、灌浆水（抽雄-灌浆成熟），遇旱及时浇水，遇涝及时排涝。

四、玉米化控技术

为了防止玉米倒伏，在玉米拔节前，可以适当喷洒控制株高、控制旺长的药剂。根据田间玉米长势决定是否喷药，旺长田块和杆高易倒伏的品种田块用50%矮壮素水剂15~30g，或亩用玉米健壮素30mL，兑水20~30kg，在玉米8~9片叶展开时（6月下旬）均匀喷于玉米上部叶片上。

五、完熟期机械收获

（一）收获时期

在玉米生理成熟后，当玉米叶片枯黄、果穗苞叶枯松变黄、籽粒含水量降至28%以下时，即可进行籽粒收获，最晚收获时期以不影响后茬小麦正常生长发育为原则。

（二）收获植株状况

收获时要求植株倒伏率不超过5%，穗位高度整齐一致，穗位高度不应低于50cm。

（三）机械选择

选用能够直接收获玉米籽粒的收获机械且配备玉米专用割台进行玉米收获，割台行距55~65cm，其他收获机性能应符合GB/T

21961—2008 中的规定。

（四）作业质量

机械收获的田间落粒与落穗损失率不超过 5%，收获籽粒的破碎率不高于 5%，杂质率不高于 3%。收获作业质量的其他指标应符合 NY/T 1355 的规定。

（五）秸秆粉碎还田

玉米秸秆可采用联合收获机自带粉碎装置粉碎，或收获后采用秸秆粉碎还田机粉碎还田。

收获籽粒后，应及立即送烘干厂进行烘干或进行自然晾晒。烘干时的技术要求应按 GB/T 21017—2007 中的规定进行，烘干产品质量应达到 GB/T 21017—2007 中干燥后成品质量的规定。

第四节　甜、糯玉米增产技术

一、甜玉米栽培技术

种植超甜玉米主要用于鲜果穗或果穗加工后进入市场，对果穗商品件要求极高，所以要实行规范化栽培。规范化的目标，要使每一株玉米生产出一个商品果穗。总的原则是保证植株生长的一路青，重在前期管理，80%以上的施肥在攻穗肥时完成。具体要求如下。

（一）隔离种植

为了确保超甜玉米甜度，要与其他玉米隔离种植，生产上可采用超甜玉米连片种植，与其他玉米隔离 500m 以上，或花期相隔 10d 以上。

（二）种子处理

甜玉米种子由于有体轻、芽势弱的特点，在种子播种前首先要进行翻晒，选晴天晒 2h，以利出苗，然后对种子进行适当的挑选。由于我国目前的制种水平和种子后处理技术还不高，种子质量还无法达到国外水平，甜玉米在种子发芽率、发芽势上，个体之间存在较大差异，因此用人工适当地挑选，以利于出苗的整齐一致。有条件的单位还可进行种衣剂处理，以达到壮苗抗病的目的。

（三）精细育苗

超甜玉米种子皱疮，发芽、出苗比其他玉米种子困难，所以要精细育苗，要选择土质好，整地精细，土壤水分湿度适宜的苗床地。杭州春播一般在3月下旬，即气温稳定在12℃以上，春播最大的问题是低温，最好采用地膜覆盖加尼龙小拱棚育苗，确保发芽所需要的温度。移栽前7d要揭去尼龙小拱棚，进行炼苗，使春播苗健壮，有利于移栽后成活。由于甜玉米芽顶土力较差，应适当浅播，播后盖少量的细土。秋播一般在7月中旬，秋播最大的问题是播种后遇大雨，土壤板结，容易造成超甜玉米种子烂种，最好的办法，采用苗床播种后，用尼龙小拱棚，再上面盖上遮阳网，这样既能防雨（尼龙），又有防止拱棚内温度过高（遮阳网）或苗床播种后直接盖草篱，既可防雨又可保持土壤适宜温度，有利发芽出苗；不管用何种方法，待种子发芽，苗刚顶出土，大约播后5d，一定要全部去掉覆盖物，使其完全露地生长，保证苗生长健壮。发芽率85%左右的超甜玉米种子，1kg种子育苗移栽可种植一亩。如果用营养钵育苗效果更好。

（四）小苗带土移栽

选择土壤疏松，肥力好，排灌方便的田块种植。移栽前每亩施15kg复合肥（N：P：K）= 15：15：15，采用二叶一心小苗带上移栽，移苗时要对苗进行挑选，选择大小基本一致、粗壮、长势旺、根系发达的秧苗，进行移栽。这样有利于大田植株生长发育的一致性，甜玉米种植田块中若苗期生长不一致，后期很难弥补上。这样不仅会影响产量，还会影响果穗的商品率。移栽后立即（当天）浇一次清水粪，如第二天天晴，温度高，还要浇一次清水粪，防止小苗脱水，以利成活，促早发。秋季栽培的甜玉米，最好在傍晚移栽。

（五）合理密植

为了使每一株玉米都生长出一个好商品果穗，不宜过密，以每亩 3 500 株为宜。春播鲜果穗平均单重达到 250g，秋播鲜果穗平均单重达到 220g。

（六）早施重施追肥

施足基肥的基础上，及早追肥，早施重施攻穗肥，确保超甜玉米生长一致，这是种好超甜玉米成败的关键。重施基肥，亩施基肥 12kg 纯氮。可以用饼肥、栏肥、过磷酸钙、碳铵等。早施苗肥，选在 5 叶期，每亩施 10kg 尿素作苗肥，秋季若天干旱可加水浇施，待长到喇叭口，有 9~10 片可见叶时，早施、重施攻穗肥，每亩施 8kg 尿素加 16kg 复合肥混合后作攻穗肥施，边施边结合清沟培土，既能保肥，又能压草、防涝，达到超甜玉米生长一路青，产量高，品质好。

（七）防治虫害

春播主要防治蚜虫和玉米螟，秋播主要防治蚜虫、玉米螟、菜青虫等，秋播玉米虫害比春播玉米重。应选用高效低毒农药防治害虫，如锐劲特等，待玉米吐丝结束后停止用化学农药，确保鲜食玉米的绝对安全。

二、糯玉米栽培技术

（一）运用良种

糯玉米品种较多，品种类型的选择要注意市场习惯要求。并注意早、中、晚熟品种搭配，以延长供给时间，满足市场和加工厂的需要。

（二）隔离种植

糯质玉米基因属于胚乳性状的隐性突变体。当糯玉米和普通玉米或其他类型玉米混交时，会因串粉而产生花粉直感现象，致使当代所结种子失去糯性，变成普通玉米。因此，种糯玉米时，必须隔离种植。空间隔离要求糯玉米田块周围 200m 不种植同期播种的其他类型玉米。也可利用花期隔离法，将糯玉米与其他玉米分期播种，使开花期相隔 15d 以上。

（三）分期播种

为了满足市场需要，作加工原料的，可进行春播、夏播和秋播；作鲜果穗煮食的、应该尽量赶在水果淡季或较早地供给市场，这样可获得较高的经济效益。因此，糯玉米种植应根据市场需求，遵循分期播种、前伸后延、均衡上市的原则安排播期。

（四）合理密植

糯玉米的密度安排不仅要考虑高产要求，更要考虑其商品价值。种植密度与品种和用途有关。高秆、大穗品种宜稀，适于采收嫩玉米。如果是低秆小穗紧凑品种，种植宜密，这样可确保果穗大小均匀一致，增加商品性，提高鲜果穗产量。

（五）肥水管理

糯玉米的施肥应坚持增施有机肥，均衡施用氮、磷、钾肥，早施前期肥的原则。有机肥作基肥施用，追肥应以速效肥为主，追肥数量应根据不同品种和土壤肥力而定。一般每公顷施纯氮 300～375kg、五氧化二磷 150kg、氧化钾 225～300kg。基肥、苗肥的比例应为 70%，穗肥为 30%。糯玉米的需水特性与普通玉米相似。

（六）病虫害防治

糯玉米的茎秆和果穗养分含量均高于普通玉米，故容易遭各种病虫害，而果穗的商品率是决定糯玉米经济效益的关键因素，因此必须注意及时防治病虫害。糯玉米作为直接食用品，必须严格控制化学农药的施用，要采用生物防治及综合防治措施。

三、甜、糯玉米收获储藏与包装技术

（一）甜玉米的收获

鲜食超甜玉米最适采收期为授粉后 20～23d，一般不超过 25d。采收时适当带几张苞叶，剪去花丝，并采收当天及时供应市场鲜销或进行加工，保证新鲜度和品质，新鲜的超甜玉米，生吃或蒸煮食用香甜脆，风味佳。

（二）甜玉米的产品形式

1. 鲜果穗

就是甜玉米雌穗授粉后 20~25d 采摘的青玉米。受适宜采收期的限制，鲜果穗市场供应期短而集中，适于农户小规模分散经营，尤其适合于城郊和集镇周边地区栽培。

2. 冷冻甜玉米

在适宜采收期采摘的鲜果穗按选果穗—去苞叶—清洗—漂烫—预冷—沥水—包装—冷藏的工艺制成产品。超甜玉米和加甜玉米，采收期为授粉后 23~28d。采收时间最好在早晨开始，因为夜间温度低，甜玉米品质好。采收下来的鲜果穗必须在当天处理，不可过夜。冷冻甜玉米可在生产淡季以果穗形式在市场出售。冷藏时间最好不要超过 5 个月。

3. 甜玉米罐头

用于加工甜玉米罐头的原料可以是鲜果穗，也可以是冷冻甜玉米。如甜玉米笋罐头，玉米笋即未受精的幼嫩玉米雌穗，形如竹笋尖，笋上未受精的子房如串串珍珠，外形美观，因此又称珍珠笋。其加工罐头的工艺为：采摘—剥笋、精选（去除苞叶、清除花丝和果柄、淘汰病虫穗）—漂洗—预煮（1~5min）—冷却（用冷水）—配料、装罐（配料以淡盐水为宜，汤汁浸没玉米笋，温度 85 ℃）—排气（12~15min）—封罐—高压灭菌—成品。甜玉米饮料，把冷冻甜玉米籽粒制成乳状饮料，或将乳汁加进冰棍、雪糕中。

（三）糯玉米的收获

不同的品种最适采收期有差别，主要由“食味”来决定，最佳食味期为最适采收期。一般春播灌浆期气温在 30 ℃左右，采收期以授粉后 25~28d 为宜；秋播灌浆期气温 20 ℃左右，采收期以授粉后 35d 左右为宜。用于磨面的籽粒要待完全成熟后收获；利用鲜果穗的，要在乳熟末或蜡熟初期采收。过早采收糯性不够，过迟收缺乏鲜香甜味，只有在最适采收期采收的才表现出籽粒嫩、皮薄、渣少、味香甜、口感好。

第八章　水　稻

第一节　水稻保护性耕作技术

一、免（少）耕保护性耕作技术

免耕法是指在未翻耕的土地上直接播种或者栽种作物的方法，也可称为直接播种法、零耕法等。少耕法是将连年翻耕改为隔年翻耕或2~3年再翻耕，以减少耕作次数。在我国实际采用较多的是少耕法。

（一）水稻免耕直播栽培技术

水稻免耕直播栽培是未经翻耕犁耙，用灭生性除草剂灭除稻田内的稻茬、杂草和落粒谷芽苗后，放水沤田，然后进行直播栽培的一项轻型稻作新技术。它是免耕技术与直播技术的进一步发展，具有明显的省工、节本、增效的特点。水稻免耕直播比常规直播产量略有增加或基本持平，由于省工、节支，不用翻耕犁耙，水土流失少，经济、生态效益较高。

1. 品种选择

选择株高中等偏矮，茎秆粗壮，分蘖力强，抗倒性好的优质晚粳品种。

2. 播种时间

免耕直播稻较移栽稻全生育期缩短7~10d，应根据品种特性的生育特性，安排好播种期。一般在5月底至6月初播种，掌握迟熟品种适当早播，早熟品种适当迟播。

3. 确保全苗

要求分板定量播种，一般优质常规稻品种每公顷用种 3.75～4.5kg 为宜。播种前要灌水泡板，等水自然落干、平板后直接播种。播种时要疏通环田沟、直沟，做到田面无积水，否则会烂种或烧芽，造成缺苗。播种至齐苗期田间保持湿润，二叶一心期开始灌薄水，如果出苗不匀，在 5～6 叶期进行移密补疏，确保苗全、苗匀。

4. 彻底除草

播前合理灭茬和杀灭老草是免耕直播获得成功的第一步。喷药时要选择晴天，按配方对足水量，均匀喷药。播后立苗前，用 40% 苄嘧·丙草胺可湿性粉剂或 30% 丙草胺乳油等，兑水后对畦面进行喷雾封杀。三叶期后，若有稗草、三棱草、阔叶草等杂草，可选择二氯喹啉酸、禾草敌、噁草酮等相应的药剂进行灭除。

5. 防止倒伏

首先要选择矮秆、耐肥抗倒品种。其次栽培上做到够苗晒田，及时防治纹枯病、稻飞虱等病虫害，增施磷、钾肥，后期不施或少施氮肥，防止贪青倒伏。

6. 科学施肥

基肥，每公顷施过磷酸钙 375～450kg、碳铵 375kg，于播种前一天傍晚施下；断奶肥，于 3 叶期每公顷施尿素、氯化钾各 60kg，促早生快发；壮蘖肥，于 6 叶期每公顷施尿素 120～150kg、氯化钾 90kg 或高浓度三元复合肥 225kg。当分蘖数接近预定穗数及时晒田控蘖，减少无效分蘖，提高成穗率，确保每公顷有效穗数控制在 330 万～375 万。中期攻穗增粒。在颖花分化期每公顷施尿素、氯化钾、复合肥各 45kg。免耕直播稻穗数较多，密度大，后期一般不施肥，田间保持湿润，使禾苗在抽穗时期明显转青，增强植株抗病虫能力，提高结实率和千粒重。

7. 合理管水

播后至二叶一心，一般保持沟中有水，畦面湿润；若遇连续晴天，畦面发白，上午灌水上畦，浸透后即排出，避免畦面长期积水。

二叶一心后，浅、湿、干交替，以湿为主。至田间总茎蘖数达到预期穗数的80%左右及时排水搁田，当田边有细裂，田中不陷脚时复水，自然落干后再复水，这样反复多次轻搁，直至主茎倒二叶露尖后田间保持浅水层，水深3~5cm。乳熟期后干湿交替。收割前5~7d逐步断水。

（二）水稻免耕抛秧技术

水稻免耕抛秧技术是指在未经翻耕犁耙的稻田上进行水稻抛栽的保护性耕作方法，是继抛秧栽培技术之后发展起来的更为省工、节本、高效、环保的轻型栽培技术。它是集免耕、抛秧、除草、节水、秸秆还田等技术为一体的新型简便水稻栽培技术。

1. 免耕稻田处理

（1）免耕稻田的选择。免耕抛秧宜在水源充足、排灌方便、田面平整、耕层深厚、保水保肥能力好的稻田进行，易旱田和浅瘦漏的砂质浅脚田不适宜作免耕田。低洼田、山坑田、冷浸田等在免耕化学除草前要开好环田沟和十字沟，及时排干田水。

（2）化学除草灭茬。免耕抛秧前要选择灭生性除草剂，选用的除草剂最好具备安全、快速、高效、低毒、残留期短耐雨性强等优点。目前，生产上应用的稻田免耕除草剂主要是内吸型灭生性的草甘膦类除草剂，如草甘膦铵盐、草甘膦等。该类除草剂灭生效果好，但除草速度较慢，喷药后根系先中毒枯死，3~7d后地上部叶片才开始变黄，喷药后15d左右，杂草植株的根、茎、叶才全部枯死。

①喷药前免耕田块的处理。早稻免耕田处理：早稻在抛秧前10~15d施药，主要是用于防除稻田间及田埂边杂草。喷药前的1周内，保持田块有薄水层，利于杂草萌发和土壤软化，施药时田块应排干水，尽量选择晴天进行。每公顷用2.25~3.0kg 74.7%草甘膦铵盐水溶粒剂，兑清水375~450kg，均匀喷洒田间和田埂杂草，注意不能漏喷。

晚稻免耕田处理：早稻收割时要尽量低割，稻桩高度最好不超过15cm，早稻收割后，排干田水，如天气晴朗，即在当日或第二天每公顷用3.0~4.5kg 74.7%草甘膦铵盐水溶粒剂，兑清水375~

450kg，均匀喷洒每个稻桩和田间、田埂杂草。如果季节允许，也可待稻桩长出再生稻时再喷药。

注意不能漏喷。喷雾器要求雾化程度较好，雾化程度越高效果越好。无论使用哪类除草剂，田面必须无水，选用草甘膦类除草剂，喷药后 4h 内下雨，效果会受影响，需要重新喷药，除草剂必须使用清水兑药，不能用污水、泥浆水，否则药效会降低。

②喷药后免耕田块的处理。施药后 2~5d，稻田全面回水，早稻浸泡稻田 7~10d、晚造浸泡稻田 2~4d，待水层自然落干或排浅水后抛秧。如果季节允许，浸田时间长一些，效果更好。对季节十分紧张的免耕稻田（如桂北双季稻区晚稻免耕田），可在收割当天喷药，喷药后第 2 天回水浸田，第 3 天排浅水抛秧，但这种方法需依具体情况慎重进行。

抛秧前，如果杂草及落粒稻谷萌发长出的秧苗较多，每公顷可在抛秧前 2~3d 排干田水使用 74.7%草甘膦铵盐水溶粒剂 0.75~1.5kg 兑水 300~375kg 喷施。

抛秧前，如果发现田块因脚印太多太深，可以用农家铁耙简单推平而不需翻耕，排水留浅水后即可抛秧。

2. 品种选择

免耕抛秧与常耕抛秧一样，对品种（组合）一般无特殊要求，但根据免耕抛秧稻立苗慢、根系分布浅、分蘖能力差等生长特点，在生产上宜选择分蘖力强、根系发达、茎秆粗壮、抗逆性强的水稻品种（组合）。另外，还要注意选择生育期适中的品种（组合），做好熟期搭配，确保安全齐穗。

3. 播种育苗

（1）适期播种。免耕抛秧稻播种期与常耕抛秧稻播种期相同。应根据抛秧移植叶龄小、秧龄短的特点，以当地插秧最佳期向前推算，一般早稻移植秧龄 20~25d，晚稻移植秧龄 15~20d。桂南稻作区早稻在 3 月上旬，晚稻在 7 月 10 日至 7 月 15 日播种，桂中稻作区早稻在 3 月中旬，晚稻在 7 月上旬播种，最迟不超过 7 月 10 日播种；桂北稻作区早稻在 3 月中旬末至下旬初，晚稻在 6 月下旬末至 7 月初播种，最迟不超过7月5日播种。

(2) 精细育苗。免耕抛秧育苗方法与常耕抛秧育苗方法大同小异，但其对秧苗素质的要求更高，应采用孔径较大的塑盘育苗，培育适龄带蘖矮壮秧。主要有以下2种育苗方法。

①壮秧剂育苗方法。一是盘底撒施：每公顷大田所需秧畦用壮秧剂15kg与适量干细泥拌匀。然后撒施在整好的畦面上，再摆盘播种。二是塑盘孔穴施：每公顷大田用壮秧剂7.5kg与适量的干细泥或泥架拌匀，然后撒施或灌满秧盘，再播种。

②多效唑育秧方法。拌种：按每千克干谷种用多效唑1~2g（早稻）或2~3g（晚稻）的比例计算多效唑用量，加入适量水将多效唑调成糊状，然后将经过处理、催芽破胸露白的种子放入拌匀，稍干后即可播种。浸种：先浸种消毒，然后按每千克水加入多效唑0.1g的比例配制成多效唑溶液，将种子放入该药液中浸10~12h后催芽。喷施：种子未经多效唑处理的，应在秧苗一叶一心期用0.02%~0.03%多效唑药液喷施。

4. 移植抛栽

抛植密度要根据品种特性、秧苗质量、土壤肥力、施肥水平、抛秧期及产量水平等因素综合确定。免耕抛秧的抛植密度要比常耕抛秧的抛植密度有所增加，一般增加10%左右。一般情况下，每公顷的抛植蔸数，高肥力田块，早稻抛12万~30万蔸、晚稻抛30万~33万蔸；中等肥力田块，早稻抛30万~33万蔸、晚稻抛33万~36万蔸；低肥力田块，早稻抛33万~34.5万蔸、晚稻抛36万~37.5万蔸。抛秧应选在晴天或阴天进行，避免在大雨天操作，抛秧时保持大田泥皮水，施足基肥即可抛秧。

5. 稻田管理

(1) 抛秧后芽前杂草处理。早稻在抛秧后5~7d，晚稻在抛秧后4~5d，结合施肥使用抛秧田除草剂，如每公顷可选用18.5%抛秧净300~375g或53%苯噻苄525~600g拌细土或尿素后撒施灭草，并保持田水3~5d。

(2) 水分管理。与常耕抛秧方式比较，免耕稻田前期渗漏比较多，秧苗入泥浅或不入泥，大部分秧苗倾斜、平躺在田面，以后根系的生长和分布也较浅，对水分要求极为敏感。因此，在水分管理上要掌握勤灌浅灌、多露轻晒的原则。

立苗期：早稻抛秧后5~7d内、晚稻抛秧后3~5d内是秧苗的扎根立苗期，应在泥皮水抛秧的基础上，继续保持浅水，以利早立苗。如遇大雨，应及时将水排干，以防漂秧。此时期若灌深水，则易造成倒苗、漂苗，不利于扎根；若田面完全无水易造成叶片萎蔫，根系生长缓慢。

分蘖期：始蘖至够苗期，应采取薄水促分蘖，切忌灌深水。根据免耕抛秧够苗时间比常耕抛秧稻迟2~3d、最大分蘖数较低、成穗率较高的生育特点，应适当推迟控苗时间，采取多露轻晒的方式露晒田。

孕穗至抽穗扬花期：幼穗分化期后保持田土湿润，在花粉母细胞减数分裂期要灌深水养穗，严防缺水受旱。抽穗期，田中保持浅水层，使抽穗快而整齐，并有利于开花授粉。

灌浆结实期：灌浆期间采取湿润灌溉，保持田面干干湿湿至黄熟期，注意不能过早断水，以免影响结实率和千粒重。如果是早稻收割后季晚稻免耕抛秧的田块，应保持田块收割时松软又不陷脚，以利于晚稻免耕抛秧。

（3）肥料施用。大田肥料施用量和施肥方法要根据免耕田表土层富集养分、下层养分较少的养分分布特点和免耕抛秧稻立苗慢、根系分布浅、有效分蘖期晚、最大分蘖数低等生育特点进行。一般免耕抛秧稻全生育期施肥总量要比常耕抛秧稻增加10%左右。一般每公顷产干谷7 500~8 250kg，每公顷施纯氮总量为12.5~180kg，氮、磷、钾比例为1：0.5：0.8。具体施肥方法如下。

基肥：基肥在抛秧前1~2d施用，每公顷施用足量的腐熟农家肥和300kg复合肥作基肥。或者每公顷施用碳铵375kg、过磷酸钙450kg、氯化钾75kg作基肥。

分蘖肥：扎根立苗后进行第一次追肥，一般早稻抛后5~7d、晚稻抛3~5d施用，每公顷施尿素和氯化钾各105~150kg，促进禾苗早生快发。早稻抛后15~20d、晚稻抛后12~15d进行第二次追肥，每公顷施尿素 75kg、氯化钾 75kg。

穗粒肥：在幼穗分化第五期（剑叶露尖）或幼穗分化第七期末（大胎裂肚）根据禾苗长势施用第三次追肥，每公顷施用磷酸二氨 75~105kg。若后期光照条件较好，群体适中、叶色偏淡的稻田，每公顷可施尿素 30~45kg 或磷酸二氨 75kg。齐穗期后看苗喷施叶面肥，每公顷用磷酸二氢钾 2.25kg 加尿素 3.75kg，兑水 750kg 喷施。

6. 病虫害防治

免耕抛秧稻与常耕抛秧稻的病虫害发生规律和防治方法大同小异，要切实做好稻瘟病、纹枯病、白叶枯病、细菌性条斑病及福寿螺、三化螟、稻纵卷叶螟、稻飞虱、稻瘿蚊等病虫害的防治。特别要注意加强第三代稻纵卷叶螟、稻飞虱、稻纹枯病及后期穗茎瘟的预测预报和防治工作。

（三）水稻免耕套播技术

套播稻是将水稻种子套播在未收获的前茬内的“免耕”土壤上，前茬收后配套管理的一种特殊的稻作方式。其优势主要表现在省工、省秧田和缓解生育期紧张的矛盾。

1. 选择适宜的水稻品种和应用田块

水稻品种以穗粒并重和大穗型品种较适宜。应用田块要求田面平整，田内外沟系配套，灌排方便，杂草较少。

2. 抓好前期立苗

主要有种子处理、适期播种、防止鼠、雀害等方面。水稻种子播前需先晒种 2~3d，用泥水选种，去除空瘪谷。在前茬小麦（油菜）收前 5~7d，每公顷干种子 90~120kg 加浸种灵 30g，使咪鲜胺 30g 浸种 48h，使种子吸足水，但不需催芽，按种子、稠泥浆、干细土 1∶0.5∶2 的比例混合，揉成种子泥团颗粒；在正常气候条件下，套播期以小麦（油菜）收前 1~3d 较适宜，遇阴雨可提前播种，苏南在 5 月 25 至 5 月底前播完。要求按畦播种，均匀撒播，田头、地角适量增加播种量欲作移栽苗。小麦收割用桂林（4L2215 型）全喂入稻麦两用联合收割机，收时留高茬 30~40cm，使秸秆均匀覆盖田面，并注意不在土壤含水量过高时烂田作业，以免机械反复碾压，毁坏田面，影响出苗或伤苗；防止鼠、雀害，可在播种时用拌过鼠药的稻谷丢放在田块四周进行毒杀。出苗不匀的田块可采取移密补稀的方法，在麦收后 15d 内进行。

3. 抓好水分管理

出苗前后保持湿润，在前茬小麦（油菜）收获后及时灌跑马水。采取速灌，一次性灌透，使全田土壤吸足水。速排，田间高墩浸透后迅速排水，确保第 2 天出太阳前田间不积水；3 叶期后分蘖期浅水勤灌，切忌深水淹苗，影响分蘖；够苗后及时晒田，适度轻搁；灌浆结实期干湿交替，防止断水过早。

4. 抓好肥料管理

免耕套播水稻在产量因素中成穗数与每穗实粒数很不稳定。因此，施肥管理应以稳定穗数，提高每穗实粒数为重点。氮肥使用总量控制在 225～260kg/hm^2 纯氮较适宜。氮肥运筹分为分蘖肥与穗肥，2 次肥料的比例为 6：4 或 7：3。分蘖肥宜分次施用，第 1 次在出苗后断奶期，每公顷施尿素 75～105kg。第 2 次在稻苗进入 6 叶期，每公顷施尿素 115～150kg 加 45%（15：15：15）复混肥 375kg。孕穗肥以促花为主，在 7 月下旬每公顷施尿素 150kg 加氯化钾115～150kg。

（四）免耕稻田小苗移栽技术

免耕稻田小苗移栽种植技术是在前作收获后，不进行犁耙翻耕，而是通过化学除草、泡田后，直接将矮壮小苗带土移栽到稻田的一种水稻栽培方法。免耕稻田由于表层只有一层薄糊泥，不利于大苗栽插，插后返青慢、成活率低；而在翻耕田移栽小苗，则由于糊泥层太深，往往造成栽插过深，同样影响插秧及返青和低节位分蘖发生。因此，免耕与小苗移栽结合，充分发挥了小苗移栽早发、高产和免耕省工、节本、环保两种栽培方式的优势。

1. 选择适宜的稻田和品种

应选择水源充足、排灌方便、耕层深厚、田面平整、杂草少和保水、保肥能力强的稻田作免耕田；易旱田或浅瘦漏的砂质田不宜作免耕田。品种一般宜选择根系发达、分蘖力强、茎秆粗壮、抗倒能力强的优质、高产品种。注意选择生育期适中的品种，以便能安全齐穗。

2. 除草灭茬

在移栽前根据稻田杂草的种类，选择合适的灭生性除草剂杀死杂草和摧枯残桩。对以一年生杂草和残桩为主的稻田，一般用触杀性除草剂，见效快；对多年生杂草多的稻田，一般用内吸性除草剂，虽然见效慢，但能杀死根系，除草彻底；为提高除草效果，也可两种不同类型的除草剂混合用；同时，要根据除草剂的安全期和有效期适时施用，施用时要放干稻田水。移栽后 5~7d 还要再施 1 次芽前除草剂。

3. 促进土壤松软

为使土壤表层糊软，以利栽插，要尽早灌水泡田，一般冬闲田和冷浸田可在冬前就灌水泡田；绿肥田应在移栽前 20d 喷施除草剂，过 5~7d 草黄后泡田；冬作田应在前茬收获后及时清除残茬泡田；晚稻田应齐泥割早稻，割后立即喷施除草剂，施后 1~3d 灌水泡田，最好在插秧前再用滚耙轧耙 1 遍。为打破土壤板结，促进养分下渗，减少养分表层富集，移栽前可喷施成都新朝阳公司生产的“免深耕”土壤调理剂。一般草少的稻田可与除草剂同时施用，草多的稻田要在喷除草剂后，等草枯后施用。二晚田与除草剂同时施用，施用时先放干稻田中水，于地表湿润时，每公顷稻田用“免深耕”3kg 兑水 900~1 500kg 喷于地表，过 3d 后再灌水继续泡田。虽然移栽时看不到明显的松土效果，但它能由上而下逐步打破土壤板结，增加土壤孔隙度，实现土壤无耕而松，改善水稻全生育期的土壤环境，促进根系生长和早熟。

4. 培育矮壮秧

提倡用旱床育秧，并注意适当稀播。早稻的秧本田比以 1∶40 为宜。一季稻以 1∶30 为宜，二晚以 1∶20 为宜，同时，要严格控制秧龄，一般叶龄 2.5~3.5 叶移栽为宜，最好不超过 5 叶；采用湿润育秧也可，但控制秧龄和苗高，需带土移栽。

5. 合理栽插

合理栽插要做到 4 点：一是在温度允许范围内，尽早移栽，以充分发挥小苗移栽的优势。二是改浅水插秧为无水层插秧。一般早、中稻在栽后过 1d 再灌薄水返青；如果在下午移栽，第二天上午灌薄水返青，以利秧苗扎根。三是适当减少栽插密度。因小苗移栽的分蘖多，比大苗移栽减少密度，一般一季稻公顷插 12 万~15 万蔸，双季稻插 2. 25 万~3. 7 万蔸，既节省用种，又节省插秧用工。

6. 加强大田管理技术

大田管理技术基本上同常规旱床育秧栽培，但要强调以下 4 点。

（1）要注意增施有机肥，以改良土壤。有机肥最好以饼肥、商品有机肥、充分腐烂的厩肥为主，也可适当施些秸秆，但要在收割时切碎结合化学除草施下，最好作冬作物的植盖物，过冬腐烂后作第一年水稻的肥料。

（2）实施“氮肥后移，少量多次”的施肥法。此法可以减少前期养分表层富集的损失和防止后期脱肥。基肥占 20%~25%，在移栽前 2~3d 施下。返青分蘖肥占 40%~45%，双季稻可在栽后 5~7d 结合施芽前除草剂施下，一季稻分别在栽后 5d 和 12d 施下。穗肥占 25%~30%，在孕穗期施。粒肥占 5%~10%，于始穗期施。

（3）提倡“以水带肥”施肥技术。即施肥时无水，施后灌水，通过水将肥料带入下层土壤，以防下层土壤养分不足，提高肥料的利用率。

（4）注意提早晒田控制无效分蘖。一般在有效分蘖临界期前，当苗数达到计划穗数的 10%时开始晒田，做到“苗到不等时，时到不等苗”，并坚持多次轻晒，以促进根系生长和深扎，防止倒伏。后期坚持干湿促籽，养根保叶，防止早衰。

二、秸秆还田覆盖保护性耕作技术

稻草的综合利用有传统的直接还田和堆沤后还田。直接还田是水稻收割后，将稻草整株或切断撒在田面，用机械或牛力翻压；堆沤后还田是采用传统的高温堆沤法，在稻草上泼一层人粪尿和适量的石灰水或用微生物菌肥促其腐烂后还田。以上两种方法虽然都可利用稻草的有机质和营养元素补充土壤肥力，但繁琐费力，劳动强度和成本都较高。

目前，研究得较多的是秸秆覆盖栽培技术。秸秆覆盖在培肥土壤上的效果与传统方法相似，经三季稻草覆盖1.32万kg/hm^2后，土壤有机质含量增加23.5%、耕层土壤全氮、碱解氮含量、土壤缓效钾与速效钾分别增加21.4%、31.1%、40.0%、80.0%，有效锌、有效硅分别增加80.0%和60.4%。同时，秸秆覆盖技术操作简单易行，劳动强度低，深受农民欢迎。

（一）秸秆覆盖免耕栽培水稻

秸秆覆盖免耕栽培水稻技术是指前作收获后，将秸秆均匀撒施田面后栽培水稻的技术。根据水稻移栽方式，又可分为秸秆覆盖免耕直播、栽插和抛秧技术。

秸秆覆盖免耕栽培水稻具良好的生态和经济效益。①在土壤微生态环境方面：与稻草翻压还田比较，稻草覆盖免耕稻田水温降低3~5℃、土温降低1~3℃，有利于晚稻返青和分蘖；土壤还原性物质总量和活性还原物质含量分别低15.6%和13.0%，土壤中细菌和真菌数量高，土壤释放甲烷量小；与无草耕耙和无草免耕比较，除甲烷释放量较高外，其他则表现相似。②在土壤肥力方面：将新鲜早稻草撒施在田中翻压后移栽晚稻的方法，在水稻生长前期由于土壤微生物在分解稻草过程中大量繁殖，与水稻争氮素的矛盾较突出，影响水稻的苗期生长；而秸秆覆盖免耕土壤的还原性低，土壤中细菌和真菌数量高，能促进秸秆腐烂，为晚稻的生长发育提供足够的有机营养。

1. 育秧与插秧

采用旱育秧技术，在旱床稀播培育苗体矮健、抗逆能力强的适龄多蘖壮秧。小麦（或油菜）收获后，不进行常规的带水翻、耙或旋耕等作业，只将田面及四周适当清整，疏理好排灌系统，即可选阴雨天或晴天的下午直接在板田面以33~40cm间距开3~4cm深的浅沟，在沟内栽植旱育秧苗。栽植时可先以砘檬做窝后再将秧苗栽于窝内，以少量泥土固苗；也可用小铲刀等工具边剜窝边栽植，栽植窝距为20~25cm，每公顷做窝12万~15万个，每窝1~2株，视水稻品种和秧苗素质而定。栽完后放浅水灌溉，保持2~3d田面有薄水。同时，用麦糠、绒麦草和油菜荚壳等均匀覆盖水稻行间，秸秆用量为3~4.5t/hm^2。

2. 稻田管理

秧苗返青后，根据水稻生长发育和降水情况，以湿润灌溉为主。即分蘖期保持沟内或窝际有水，行间土壤和覆盖物水分含量接近饱和状态，但无明显水层，以利水稻分蘖的发生和秸秆软化腐烂。分蘖数量达到预计产量所要求的有效穗数量时，晒田控苗10d左右。进入拔节期以后，若天气多雨，田间土壤水分含量基本达饱和状态，就不进行灌溉；若雨水不足，土壤水分含量低于田间持水量的90%时，即放水浸灌，以保证水稻正常生长发育，每次灌水量以浸润田面覆盖物而不露明显水面为度。孕穗至抽穗期和追肥后适当增加田间水量。

（二）稻草覆盖免耕旱作技术

稻草覆盖免耕旱作技术是指在水稻收获后，播种油菜、大麦、小麦、马铃薯、蔬菜等旱地作物，然后将稻草均匀覆盖还田的保护性耕作技术。除具有培肥土壤的作用外，稻草覆盖免耕旱作技术的主要优点还表现在对土壤物理结构的改善上。三季稻草覆盖（1.32万kg/hm^2）后，土壤有机质、富里酸、胡敏素的含量分别增加23.5%、8.3%和38.0%；胡敏素/富里酸比值增加13.0%，土壤腐殖化程度增加2.1%；同时，土壤总孔隙度、毛管孔隙度、非毛管孔隙度、田间持水量等随稻草覆盖次数增加而增加，土壤容重随覆盖次数的增加而降低，土壤物理结构得到改良。另外，稻草覆盖还为化学除草提供了有利条件，因为稻草覆盖的遮光作用及其分解物对杂草种子的萌发与生长有抑制作用。稻草覆盖免耕直播能明显地促进油菜的营养生长：冬前根重、绿叶片数、鲜叶重、干叶重等均较常规栽培增加，油菜籽增产129kg/hm^2。中国水稻研究所的试验表明，采用马铃薯稻田免耕全程覆盖栽培技术，每公顷能获得鲜薯22 500kg以上。同时，由于该技术将种薯直接摆放在免耕稻田上，用稻草全程覆盖，薯块长在草下的土面上，收获时只要拨开稻草就能拣收马铃薯，省工、劳动强度低。蔬菜地覆盖稻草除能提高土壤肥力外，在春季能提高地温，夏季降低地温，减少水分蒸发，降低土壤含盐量，防止土壤板结，有利根系生长。

三、休闲期的保护性耕作技术

（一）休耕

我国南方稻区的休耕是指冬、春休闲，即晚稻收后，空闲一个冬（春）季，来年再进行水稻生产。尽管休耕可以积聚养分、恢复地力，但由于风化和雨水淋洗，休耕易造成水土流失，稻田弱结合的阳离子镁、钾、钠流失比率增加，土壤pH值以及导电度有所降低。因此，不妨利用冬闲田种植绿肥。不仅能防止水土流失，而且还能培肥地力。

（二）休闲期绿色覆盖技术

绿肥具有增加土壤有机质、培肥地力和改良土壤的重要作用。我国南方冬季绿肥主要有紫云英、苕子、黄花苜蓿、肥田萝卜、蚕豆、豌豆等。由于种植紫云英等传统绿肥效益低，导致一些地区土壤有机质含量降低，土壤肥力下降。适宜南方稻区采用的高经济效益绿色覆盖作物有豌豆、蔬菜等。豌豆既是一种经济效益较高的经济作物，又是一种绿肥作物，每季可生物固氮45.7kg/hm^2。休闲期栽培豌豆，不仅培肥地力，而且能够增粮、增收。豌豆—稻—稻复种早稻移栽期提前，促进了水稻高产，全年稻谷产量达到14 615kg/hm^2，豌豆—稻—稻每公顷年利润达16 298元。利用水稻收后至来年水稻播栽前的冬闲期因地制宜栽种蔬菜的种植模式，在我国南方郊区广为流行，它是实现“粮（稻）、钱（菜）一起上”的有力保证。

第二节　一季稻高产优质栽培技术

一季（中稻、单季晚稻）稻是我国种植面积最大、分布范围最广的稻作，呈现南籼北粳势态，种植的品种主要是杂交稻和常规粳稻，杂交稻以根系发达，分蘖力强，茎秆粗壮，穗大粒多，增产显著等优势，在水稻生产中发挥着重要作用。然而目前的一季稻生产仍存在某些不足，如产量高而不稳、穗粒结构不太合理，调控措施不当，抗灾避灾能力不强，病虫害防治不力等，严重阻碍产量水平的进一步提高，其必须和栽培技术很好地配套运用，才能发挥更大的增产潜力，得到增产增收的实效。

一、因地制宜选择合适的高产优质品种

（一）根据当地光温条件选择生育期适宜的品种

在光温条件充足的地区，宜选生育期较长的品种（组合），反之则选用生育期较短的品种（组合），总之，选用的品种、组合生育期应尽量与当地光温条件相当，既能保证水稻正常生长成熟，又不至浪费较多的光热资源。如沿淮及沿江山区宜选择全生育期 130 多 d 的品种组合，江淮地区可选用全生育期 135~145d 的品种组合，长江以南地区可选用全生育期 140~150d 以上的品种组合。

（二）根据品种特点选择优质品种

在生育期允许范围内尽量选用增产潜力大，穗大粒多，千粒重较高，耐肥抗倒，抗病、抗虫能力强，抗旱耐涝耐高温的优质品种（组合），以便更好地发挥品种的增产优势。

二、制订合理的产量目标和产量结构，分阶段实现总目标

根据品种、组合的穗粒结构特点，结合当地的生产条件，制订合理的产量目标及产量构成。目标产量是由单位面积穗数、每穗粒数、结实率和千粒重四因素构成的，它们的乘积构成理论产量，四个因素都合适，产量才能最高。一个般情况下，单位面积穗数是产

量的决定因素，在一定穗数情况下，争取更大的稻穗，提高结实率和千粒重，就能进一步提高产量。单位面积穗数是在移栽后20d左右决定的，穗的大小是在拔节孕穗期决定的，结实率是在孕穗中期至抽穗灌浆前期决定的，千粒重主要是抽穗灌浆期确定的，明确了产量各因素形成时期，采取分步调控措施，就能最终达到预期目标。

中稻单产每亩达650kg以上的目标产量构成如下。

多穗型品种产量性状构成为每亩有效穗18万~20万，每穗150粒左右，结实率85%以上，千粒重28g左右。

大穗型品种产量性状构成为每亩有效穗15万~16万，每穗200粒左右，结实率80%以上，千粒重28~30g。

三、确定最佳播种期

最佳播种期的确定是为了趋利避害，使水稻各个生育阶段都能处于一个相对适宜的环境，能尽量避开高温、冷害等不利因素危害。安排播种期主要考虑抽穗期间的气象因素的影响。首先要保证安全齐穗，要在秋季温度降到23℃（粳稻21℃）以前抽穗，山区更要重视避免“冷风”危害。第二在孕穗至开花灌浆期要有一段晴好天气（30~40d）抽穗开花期对环境敏感，灌浆期要有较多的光合产物，因此要把抽穗扬花期尽可能安排在日均温25~28℃，雨量相对较少的季节。我国大部分地区8月中下旬光温条件较好，是安排抽穗期最佳时期。不可将抽穗期安排在7月底至8月初，此时抽穗会碰到35℃以上持续高温危害，结实率会严重下降而减产。但抽穗期也不宜推迟到9月上旬以后，因为现在推广应用的高产品种，由于穗大粒多，灌浆时间较长，有的超过40多d，到9月气温下降很快，低温会使灌浆速度变慢，成熟期推迟，甚至结实不充实而降低产量和品质。最佳抽穗期确定后，根据选用品种在当地的播始历期（即播种到始穗的天数）向前推算出播种期。生产上应用的一季稻品种，其播始历期多在100（95~105）d左右，以8月10日抽穗向前推算，播种期应在5月2日前后。此时播种育秧，气温较稳定，一般不会出现烂芽、烂秧等现象。山区和北方地区可采取盖膜旱育秧，提前到 4 月中下旬播种。

四、培育多蘖壮秧

（一）培育多蘖壮秧的作用与标准

多蘖壮秧有多方面的优势，栽后秧苗生根快，返青快、分蘖早，有利于高产群体的建立和大穗的形成，抽穗整齐，成熟一致，有利于抗灾避灾夺高产，干物质积累快、后期干物质向穗部运转效率高；壮秧带蘖多，以蘖带苗，可节省种子，降低成本。壮秧的标准是：30~40d 秧龄 6~7 叶龄，单株平均带蘖 2~3 个，45~55d 秧龄，8~10 叶龄，单株平均带蘖 3~4 个，根系发达，根量大，白根多，茎基部宽偏，绿叶数多。

（二）浸种催芽

杂交中稻易发恶苗病等苗期病害，种子颖壳闭合不严及不闭颖现象较多，引起吸水不均，因此，要做好种子消毒及控制好浸种时间。用 100mg/kg 烯效唑溶液浸种，可有效预防恶苗病等苗期病害，同时有降低苗高并促进分蘖的作用，对培育多蘖壮秧很有好处。而且比使用强氯精安全，农户容易掌握。具体方法是：用 10kg 烯效唑药液浸 7kg 左右的种子，浸 6~8h，捞起沥水 4~6h，反复多次，2d 后取出用清水冲洗后催芽。由于 5 月初气温较高，也可反复多次至种子破胸露白后用清水冲洗晾干播种。常规稻可连续浸种 36~48h 后催芽，也可日浸夜露，反复至破胸露白后备播。

（三）稀播和化控

大幅度降低播种量，使秧苗生长有较大的发展空间和营养面积，是培育多蘖壮秧基本条件。一般播种量和秧龄与育秧方式有关，秧龄短，播种量可大些，反之播种量应少些，旱育秧苗体小，播种量可大些，湿润育秧则应少些。根据试验和多年生产实践，总结出的播种量为：一是 30d 秧龄。旱育秧每平方米苗床播种 75~100g，湿润育秧每亩播种 12.5kg。二是 40~50d 秧龄。旱育秧每平方米苗床播种 40~50g，湿润育秧每亩播种 8~10kg。在栽秧时常出现干旱缺水的地区，只好延迟栽插期，或来水时灌深水栽秧，宜采用稀播、长秧龄培育壮秧措施，以防干旱造成秧龄超龄而带来的早穗减产，或深水栽秧而引起小分蘖闷死的损失。播种的关键是要播稀播匀，做到定畦定量播种，先播 80%的种子，用剩下 20%的种子补缺补稀。稀播后轻塌谷，使种子三面入土，上盖草木灰或油菜壳麦壳（旱育秧盖盖种土），有防晒、防雀害及促进扎根等作用。未用烯效唑浸种，可在秧苗 1 叶 1 心期喷多效唑控高促蘖，每亩用 15%多效唑粉剂 200g 兑水 100kg 均匀喷雾，喷前排干田水，喷后 1~2d 可上水。对秧龄长达 50d 左右的，可考虑二次化控，即于 4 叶期每亩用 150g 多效唑，再喷 1 次。

（四）肥料管理

湿润育秧，结合整地每亩施腐熟有机肥 1 000~2 000 kg，8kg 尿素，30kg 过磷酸钙。做畦面时亩施尿素和氯化钾各 3~5kg。追肥：1 叶 1 心期每亩追 3kg 左右尿素，3~4 叶期每亩追 5kg 尿素，移栽前 3~5d 每亩追 5kg 尿素作送嫁肥，送嫁肥要视栽插进度分次施用。如果秧龄在 40d 以上，播种后 20~23d 每亩再追 5kg 尿素。旱育秧基肥于播种前 10~15d 每亩施尿素 35kg，过磷酸钙 100kg，氯化钾 20kg，与0~10cm 土层充分混合均匀，追肥：1 叶 1 心期和 2 叶 1 心期，结合浇水，每 $1m^2$ 苗床分别追尿素 15g，移栽前 3~5d 追 1 次送嫁肥，每平方米用 15g 尿素兑 100 倍水喷施，喷后用清水冲洗一遍以防烧苗。

（五）水分管理

湿润育秧：3 叶期前保持湿润，畦面不上水，3 叶期后畦面保持浅水不断，以防拔秧困难。在山区丘陵干旱年份，根据情况在适当时期断水让其干旱，等有水栽秧时再上水拔秧，这样以干旱抑制秧苗生长，防止秧苗超龄减产。旱育秧管水原则是：如果秧苗早晨叶尖挂露水，中午叶片不卷叶，就不用浇水，否则应立即浇水，并要一次性浇足浇透。下雨时要及时盖膜防雨淋，以防失去旱秧的优势。因为旱秧细胞浓缩在一起，细胞的数量并不减少，一旦水分充足，细胞迅速吸水，体积很快膨大，就形成大苗秧，失去栽后的暴发优势。移栽前一天晚浇透水，有利于起秧栽插。

（六）病虫害防治

一季稻秧田期的病虫害主要有恶苗病、稻蓟马、稻飞虱和二化螟等，旱育秧还有立枯病，要做好及时防治工作。

五、大田施肥、耕作与除草

（一）大田施肥

1. 施肥的原则

施有机肥和无机肥相结合，氮、磷、钾肥相结合，为水稻的生长发育提供全面合理的营养。根据一季稻的肥料试验和生产实际，大约每收获 100kg 稻谷，需纯氮 2.0～2.5kg，氮、磷、钾三者比约为 3：1：2.5，其中有机肥占 20%～30%。按此推算，单产每亩 650kg 以上，总施肥量是：每亩施 1 000～1 500kg 有机肥或 50kg 饼肥、25～30kg 尿素、40kg 过磷酸钙、20kg 氯化钾。其中基肥每亩施 10kg 左右尿素、10kg 氯化钾、有机肥及磷肥全作基肥，施肥方法是将所需的有机肥和无机肥混合均匀后施到田中再耕翻整地，使全耕作层均有肥料。这种施肥方法也叫做全层施肥法。

2. 增施有机肥的意义

有机肥又叫农家肥，种类繁多，有人、畜、禽粪尿，土杂肥、厩肥、堆肥、沤肥和绿肥等。施用有机肥的意义是：①有机肥原料来源广，可以就地取材，就地积制，只花工夫，不需投入多少资金，节省化肥降低生产成本。②有机肥含有多种营养元素，除含氮、磷、钾大量元素外，还含有许多作物所需的中量元素和微量元素，能给水稻提供全面的所需营养，特别是提供微量元素营养。同时能提高稻米的品质和适口性。③有机肥含有机质和腐殖质，能改良土壤结构，协调土壤的水、肥、气、热，增强土壤的通气透水能力和保肥、保水、供肥、供水能力。④有机肥含有生长素、维生素、胡敏酸和氨基酸等有机物质，对水稻营养生理和生物化学过程能起特殊作用，还能提供二氧化碳气体供水稻光合作用之用。⑤有机肥缓冲性大，可缓和土壤酸碱性变化，可清除或减轻盐碱类土壤对水稻的危害。⑥有机肥适用性广，对各类土壤及各种农作物都适用。此外还可以变废为宝，清洁环境，有利改善生态环境，促进农业可持续发展。因此，增施有机肥一直受到人们的重视，近年因增施有机肥比较费工，一些劳力外出多的地区渐渐少用或不用，故应再次强调，以引起重视。

3. 稻草直接还田注意事项

稻草还田对水稻生长发育及稻田土壤改良，具有特殊作用，且稻草资源较多，值得大力提倡。稻草中含有水稻生长发育所需的氮、磷、钾、硅等大量营养元素和各种微量元素。经测定：一般稻草中含氮 0.57%、磷 0.75%、钾 1.83%、硅 11.0%、有机质 21%。特别是硅、钾含量高，能增加茎叶抗病、抗虫、抗寒、抗旱、抗倒伏能力，促使根系发育健壮，增强其对有害物质的抵抗力。另外，稻草的主要成分是纤维素和半纤维素，碳氮比值大，分解比较缓慢，所以稻草还田有利于积累土壤有机质，对降低土壤容重，增加土壤孔隙度，改善土壤通透性，具有良好作用，特别是对渗透不良的瘠薄土壤，改良效果十分显著。稻草直接还田法要注意以下事项。

（1）先将稻草铡成 10cm 左右长，然后匀撒在田面上，再进行耕耙等整地作业，使稻草与土壤充分混合。

（2）稻草还田应在夏秋季收获后即进行效果较好，经过冬春一段时间，稻草有一定程度分解，可减少淹水栽植后的有害气体发生。

（3）稻草还田一次用量不宜太多，一般以每公顷施 4.5t 左右为宜，稻草还田能够形成土壤有机质，可维持土壤有机质含量。如果一次施草量过多，稻草在还原状态下分解时会产生大量有害物质，反而对当季生长的水稻不利。

（4）由于稻草含碳多，含氮少，碳氮比为 63∶1，稻草施入土壤中，需经过土壤里的微生物食用分解，当土壤中的微生物以稻草为食进行繁殖活动时，稻草中氮元素不能满足微生物自身繁殖的需要，必须从土壤中吸取一部分氮素补充，这样稻草还田后，前期不仅不能给水稻生长提供氮素营养，反而和水稻争夺土壤中的氮素，所以稻草还田后，水稻生长前期要增施氮肥。增氮量一般为每施1 000 kg 稻草，增施 3~5kg 纯氮，折合碳酸氢铵为 20~30kg。可按这个比例计算增施氮数量做基肥施下，与土壤及稻草充分混匀。

(5) 稻草还田的稻田要及时多次落干晾田，排除稻草在分解腐烂过程中产生的有害气体，增加土壤中的氧气，促进根系生长。不要长期淹水，否则会产生有害气体，危害水稻根系，严重时造成黑根烂根，出现僵苗不发，甚至死苗。

4. 稻草堆肥还田法

稻草堆肥还田法就是先把稻草堆制成腐熟的堆肥后，再把它施入大田中。稻草堆肥的制作方法是：将稻草铡成 10cm 左右的碎草，再分层堆积，一般堆宽 2m 左右，堆高 1.5m 左右，堆的长度可根据场地形状面积和稻草的多少而定。先铺一层稻草，厚度 30~40cm，在稻草上撒一层化肥，按每 100kg 稻草撒尿素 0.3~0.5kg，再撒一些粪尿，然后再洒一次水，洒水量以使稻草湿透为准。随后按上述步骤重新进行多次，直至堆高达 1.5m 左右为止。稻草堆好后在稻草上面及四周用沟塘泥封一层。当堆温上升到 40℃左右时，要及时翻堆，促使发酵均匀。

堆肥的天数以 4~6 周为好。堆肥时间过短，发酵分解不完全，时间过长，会生成大量硝态氮，施到淹水的稻田里，容易造成氮流失。稻草堆肥还田比其直接还田好，因为稻草发酵腐熟过程中，有害物质被分解，不会对水稻根系产生不良影响，稻草堆肥施入大田后能很快地释放养分供水稻吸收利用，不会产生与水稻争氮现象，促使水稻早生快发。同时稻草在堆内发酵产生的 50℃以上的高温，能杀死稻草和粪肥中多种病菌、虫卵和草籽，从而减轻病虫草为害程度。稻草堆肥的施用量可以适当多施，以每次每公顷施 7.5~9t 为宜，既能补充土壤有机质的消耗，又有一定的积累，使地力得到提高。施用方法仍是耕翻前作基肥施下与土壤充分混匀。值得注意的是：稻草堆肥生成的速效性氮素容易流失，堆放时最好覆盖好薄膜，防雨水淋失。近年还提倡先将稻草投入沼气池发酵，在生产沼气的同时达到腐熟。

（二）大田耕作整地

大田耕作整地的目的是通过犁、耙、耖等各种耕作手段，为水稻的根系生长发育创造一个良好的土壤环境，使水稻栽插后发根迅速，能很快地吸收水分和养分，立苗快，分蘖早，很快地搭成丰产苗架。我国稻作分布范围广，土壤类型众多，大田耕作整地的方法也多。但不管采取哪种方法耕作整地，都要精耕细整，不漏耕，不留死角。要整碎土块，使土层内不暗含大的硬土块。田面要求细软平整，一块田高低相差不超过 3cm 左右。耕层要深厚，要逐步达到 20~30cm。不管是旱耕水整或水耕水整，都要达到上述的标准要求，为水稻的正常生长发育创造一个良好的土壤环境，为夺取优质高产打好基础。

（三）栽插前除草

水稻栽插前除草有很多好处，一是田间施药简单方便，速度快。二是秧苗不与药剂直接接触，能避开或减轻药害。三是能给施药创造最佳条件，有利于提高除草效果。四是把杂草封闭在萌发期，能有效控制为害。所以，在茬口不是太紧张的田块，提倡栽插前防除杂草。栽秧前除草要针对稻田杂草种类，选用高效低毒除草剂或配方，使一次施药达到水稻整个生长期间基本不受杂草为害，且无农药污染，也无残毒影响稻米的品质。栽秧前常用的除草剂及其使用方法如下。丁草胺：每亩用 60% 丁草胺乳油 125mL，兑水 4~5 倍，在整平田面最后一道工序时洒入田间水面，借塌平田面作业使药液分散到整个田面，施药 3~5d 以后栽插。持效期 30~40d，可有效防除田间稗草和其他禾本科杂草及其他一年生杂草和一些阔叶杂草。农思它：药效期 30~40d，对萌发至三叶期的稗草、牛毛毡、禾茨藻等水生杂草有较高的防效，对扁秆杂草有较强的抑制作用。用量为每亩用 12%农思它乳油 150mL，使用方法同丁草胺。施药后第二天即可栽插。丁草胺加西草净：该配方对稗草、眼子菜、野慈姑、鸭舌草等阔叶杂草和水绵等均有特效，药效期35~45d。使用方法是每亩用 60% 丁草胺乳油 100mL 加西草净可湿性粉 100g，兑水 30kg，保持田水 5~7cm，均匀喷洒，隔 7d 后插秧。丁草胺加农得时：该配方对稗草、水生阔叶杂草和莎草等有较好的效果，药效期35~45d。方法是每亩用60%丁草胺乳油100mL加10%农得时可湿性粉剂20g混合，兑水30kg均匀喷洒，隔3d后栽插。

六、适时栽插，合理密植

（一）适时栽插

水稻适时栽插很重要，它与水稻高产、稳产、优质等都有密切的关系。适时栽插要根据气温、苗情、茬口、劳力等情况而定，不能千篇一律。对于北方单季稻区和南方稻区冬闲田或绿肥茬以及山区的冬闲田一季稻，要适时早栽，以栽插小苗为主。适时早栽的优点是有利于增穗增产春夏之交前早插秧，白天温度较高，夜晚温度低，主茎基部由于受低温刺激能促进低节位分蘖发生，同时有效分蘖期时间较长，有效分蘖多，可确保达到目标穗数。另外由于早插秧，分蘖发生早，营养生长时间长，干物质积累多，有利于大穗形成而增加穗粒数，也有利于提高结实率和抗病抗倒能力。但是，适时早栽有一个基本条件，就是温度适宜，要保证栽后能安全成活。水稻安全成活的最低温度为12.5℃。水稻幼苗生长需求最低温度，粳稻为12℃，籼稻为14℃，但在15℃以下时，水稻生长极为缓慢。杂交籼稻幼苗生长起点温度较高，一般不低于15℃。各地可根据气温稳定通过水稻成活的最低温度确定适宜移栽期。对于多熟制地区油—稻茬或麦—稻茬的一季稻，栽插时期的温度较高，已经不是制约因素，主要应该根据前茬收获期来确定适宜栽期，尽量在极短的时间内栽插完毕，一般不应超过7~10d，一季稻，适宜栽插较长秧龄的多蘖壮秧，秧龄40~45d，叶龄7~8叶，单株带2~3个较大的分蘖。这样的壮苗栽后发根快，能很快地吸收水分和营养而迅速生长。一般不宜在4~5叶龄期移栽，因为这一时期移栽，秧苗单株带的分蘖较小，栽插时很容易埋入烂泥里面造成死蘖，栽后要重新从较高节位上生出分蘖，失去了秧田低节位分蘖获得高产的优势。从上述的情况概括地说，适时栽插，要么栽小苗，3.0~3.5叶移栽，带土浅栽，让低节位的分蘖到大田去出生。要么栽大苗，叶龄6.5

叶以上，则可充分利用秧田低节位分蘖大穗的优势而增产。

（二）合理密植

一般来说，随着栽插密度的增加，单位面积的穗数会增多，这有利于提高产量。但是，当单位面积上的穗数增加到一定程度之后，每穗的粒数就随着穗数的增加而明显地减少，每公顷的稻粒数（每公顷穗数×每穗粒数）并不因此而增多甚至反而减少。同样，粒数与结实率之间存在着类似的问题。反之随着栽插密度的降低，每穗粒数和结实率可能会提高，但由于穗数明显减少而导致单位面积的总实粒数减少，造成减产。因此，栽插密度不是以单一产量构成因素的提高为目的，而是使产量构成的各个因素相互协调发展，达到一种最佳组合状态。在产量构成的 4 个因素中，有效穗是构成产量的最重要因素也是其他 3 个产量构成因素的基础。而有效穗一般是在栽后 20d 左右就确定，它受栽培密度的影响最大。要建立一个合理的高产群体，必须根据品种（组合）的生育特性和土壤、肥料、气候等条件确定一个合理的栽插密度。

影响栽插密度有很多因素，确定合理密植要从多方面考虑。水稻的品种（组合）特性：对矮秆品种、株型紧凑，耐肥抗倒，叶片直立，群体透光好的品种，可适当栽插密些；对株型松散，叶片披软，稻穗大、分蘖力强的品种要栽插稀些，一般杂交稻的杂种优势之一是分蘖力强，应比常规稻栽插稀些。籼稻分蘖力比粳稻强，应栽插稀些。生育期：一般生育期短的，分蘖时间也较短，分蘖成穗少，要栽插密些，反之则栽插稀些。土壤条件：一般在土壤肥力较高，施肥较多时，应适当减少栽插苗数，反之则增加栽插密度。至今为止，水稻产量构成因素的最佳组合状态仍然只能通过大量的生产实践来确定，也就是说靠一些经验数据。随着品种（组合）的更新和栽培技术的进步，产量构成因素的最佳组合状态也发生一定的变化，不同类型品种（组合）栽插的基本苗不一样。如何确定基本苗数，要根据品种（组合）的高产穗粒结构中的有效穗数多少和该品种（组合）的单株分蘖成穗数来确定。一般情况下，杂交中稻 30d 秧龄，每穴栽 3~4 蘖苗，50d 秧龄，每穴栽 5~6 蘖苗，约能成穗10个。反过来推算，单产每亩600kg目标的穗粒结构，多穗型品种的有效穗要达到18万~20万，大穗型的品种要达15万~16万，那么多穗型组合每亩基本苗在7.5万~9.0万，大穗型在6.0万~7.5万。秧龄越长基本苗越多。

(三) 栽插方式

水稻产量要素的构成，首先决定于移栽的基本苗数，在基本苗大致相近的情况下，由于栽插的行株距规格不齐，从而形成不同的生态小环境，如植株间的光照和湿度，通风条件和植株的营养，这些条件的改变也会对产量要素的构成产生一定的影响。我国水稻栽插的行株距配置方式要有3种：第1种是等行株距正方形，第2种是宽行窄株的长方形方式，第3种是宽窄行相间，株距不变的宽窄行方式。实践表明，采取宽行窄株栽插有明显的增产作用，它是改善光能利用、调节群体和个体矛盾的有效手段。其增产原因有3点：有利于解决穗多与粒少的矛盾，能在较高的穗数上提高每穗粒数；宽行窄株提高了群体中个体间的整齐度，易取得高产；有利于解决密植易倒伏和易生病虫害的矛盾。宽行窄株地上部第一、第二节间长度比同密度的要短，且通风透光条件改善，所以较抗倒伏，纹枯病较轻。另外要注意栽插的方向，一般东西行向优于南北行向。它的优点主要表现在：第一是改善了稻株的受光状态，东西行向与太阳开、降光线平行，植株间遮光影响小，受光照时间长，提高了光合效率。第二是改善了田间小气候，由于阳光射入较多，透光时间长，有利于稻田水温和气温的提高，促进了稻株的生长发育。由于通风透光好，水分蒸发快，傍晚后温度下降也快，扩大了昼夜的温差，有利于干物质的积累，同时也降低了田间相对湿度，有利于病虫害的控制。一季稻一般栽插密度为13.3cm×30cm或16.5cm×5cm，每穴栽插4~5蘖苗。尽量采用东西行向。

(四) 提高栽插质量

水稻生产中的栽插质量对秧苗生根、返青的快慢、分蘖的早迟、产量的高低等都有很大的影响，要注意浅、直、匀、稳地栽插。浅插的好处是能使发根节处于地温较高的浅土层，有利于根系的营养吸收和生长发育。如5月地表1cm比地下5cm在晴天中午的温度要高2~3℃，根系生长最适宜温度是32℃，可见浅插对生根有利；能促进分蘖发生，这是因为分蘖的发生与昼夜水温温差有关，温差较大，分蘖发生节位低数目也多。由于地表温差比地下大，所以浅插有利于分蘖发生；有利于提高光能利用率，浅插由于使植株呈扇状散开，能截获更多的光能，提高了水稻前期生长的光能利用。因此浅插是提高栽插质量的重要环节。其次要减轻植伤，利于水稻早活棵、早返青和早分蘖。早出生的分蘖穗总粒数和成熟粒数多。有的甚至比主茎穗还要多，这对提高产量有重要作用。减轻植伤的措施主要有培育健壮的秧苗，拔秧时尽量减少根的植伤和利用小苗带土移栽等。另外要求插直、插匀、插稳，抹平田间脚印、不浮秧倒苗，不缺株少穴，这都关系到合理密植的规格是否得到保证，能否争取到预计的有效穗数，是否有利于个体和群体的协调发展。同时要求现拔（秧）现栽，或上午拔下午栽，不栽中午烈日秧，不栽隔夜秧，防止烈日晒焦秧叶而影响秧苗活力。

第三节　双季稻高产优质栽培技术

近年来，随着耕地的减少，人口的增长，国家对粮价的保护以及优质高产的双季早、晚稻新品种（组合）的不断育成应用，种植面积又有所扩大，双季稻仍将是我国水稻生产的重要组成部分。

一、双季早稻高产栽培技术

（一）选用高产良种，建立合理的高产群体穗粒结构

1. 选用配套良种

选用早稻品种，不仅要考虑早稻高产，还要兼顾晚稻也能高产，早晚稻品种搭配好，全年生产大丰收就可能实现。早稻品种（组合）的选用，以最近几年来新育成的品种为主，除了高产、抗病虫和抗逆性较强外，重点是生育期的长短，双季稻北缘地区，要选用早、

中熟的良种或杂交组合为主，全生育期 105~110d，最长不超过 115d，要求早熟品种能在 7 月 20 日前成熟，迟熟品种在 7 月底前成熟。农民要根据各自的稻田面积、劳力、茬口等情况，确定早、中熟品种的比例。对中、迟熟品种（组合），要适当提早播种，用薄膜保温旱育秧，适当延长秧龄，促进早成熟、早让茬。南方双季稻区宜选用中、晚熟品种或杂交组合，同样采用薄膜保温旱育秧，提早 10d 左右播种，适当延长秧龄，促进早成熟早让茬。

2. 早稻单产每亩 500kg 以上的穗粒结构

品种选好后，要依据稻穗大小及其他特性，建立与品种相应的高产穗粒结构作为生产目标是水稻高产栽培的重要环节。种植的早稻品种（组合），按其穗粒数多少，可分成大、中、小三种类型的稻穗，各自的高产结构组成各有差异。大穗型品种（组合）的穗粒结构是：每亩有效穗 20 万~22 万，每穗 120~130 粒，结实率 85%左右，千粒重 23~26g。中等穗型品种（组合）的穗粒结构为：每亩有效穗 23 万~25 万，每穗 100~110 粒，结实率 85%~90%，千粒重 24~26g。小穗型品种（组合）的穗粒结构是：每亩有效穗 27 万~29 万，每穗 80~90 粒，结实率 85%~90%，千粒重 25~28g。

（二）培育壮秧技术

水稻育秧移栽历史已有 1 800 多年，育秧方式多种多样，以水的管理情况划分，有水育秧、湿润育秧和旱育秧三种。以温度管理来划分，有保温育秧和常温育秧两种方式。由水分及温度管理方式而衍生的育秧方式更多，有水播水育，湿播湿育，旱播湿育，旱播旱育，薄膜覆盖湿润育苗，薄膜覆盖旱播旱育等许多种。早稻的育秧方式经由水育秧、湿润育秧、薄膜覆盖湿润育秧到旱育秧的发展过程，现在生产上以薄膜覆盖旱育秧和湿润育秧为主要方式培育多蘖壮秧。

1. 播栽期的合理确定

播种与栽插的日期，在早稻的高产栽培中显得很重要，要求也高，必须抓紧季节，不误农时。早稻的最早播种期，要与幼苗生长要求的最低温度14℃（籼）相适应，也就是当苗床温度稳定达到14℃以上时播种才能保证秧苗的正常生长，我国双季稻北缘地区达到此温度的日期约为4月10日左右，若要在此日期前播种，要采取保温措施，如覆盖薄膜方可。最迟播种期要根据品种（组合）的播始历期来确定，确保6月底前能抽穗，抽穗过迟易受高温危害，并且成熟过晚会影响双晚的高产。播栽期的安排，主要根据茬口来确定：一般冬闲田或接花草茬，可在3月20—25日播种，4月25—30日移栽，秧龄30~40d；接白菜型油菜茬，4月5—10日播种，5月15—20日移栽，秧龄35~45d；南方早稻可根据当地气温条件适当提前播种。

2. 播种量

试验研究结果表明，早稻每亩单产500kg以上湿润育秧的秧田每亩播种量为：常规稻25~30kg，杂交稻15~17.5kg，秧本田比为1∶(6~7)，薄膜旱育秧每平方米播种75~100g，秧龄可长达40~45d。这样大幅度降低了播种量，节省一半以上的用种量。

3. 浸种与催芽

由于早春气温低，早稻的浸种与催芽容易发生问题，是生产上必须重视的环节。浸种前晒种1~2d，晒种能促进种子内酶的活性，提高胚的生活力，同时提高种皮的通透性，增强吸水能力，提高发芽率。而且晒种还有杀菌防病的作用。晒种时要注意薄摊、勤翻、晒匀晒透，防止破壳断粒。晒种后要对常规种子进行泥水或盐水选种，清除秕谷、病谷和杂草种子，提高种子整体质量。

浸种与消毒一般同时进行，浸种是为了让种子吸足发芽所需要的水分，使种子发芽整齐一致。消毒是预防由种子而传播的病虫害，如稻瘟病、白叶枯病、恶苗病、细菌性条斑病及干尖线虫等。常用的浸种消毒方法有以下3种：用1%的石灰水浸种，常规早稻连续浸种3d左右，杂交早稻浸种1~2d。注意用石灰水浸种，水面要高出种子13~15cm，浸种期间不要搅动，不要破坏水面上结的一层膜，其作用就是靠这一层薄膜隔绝空气而杀死某些病菌虫卵的；用400倍三氯异氰脲酸药液浸种12h后，用清水洗净后再继续浸种，可防治恶苗病；用烯效唑浸种，有降低苗高，促进分蘖，预防恶苗病及苗期病害的作用，烯效唑浓度为每千克溶液含 100mg 纯烯效唑，10kg 药液浸 7kg 种子，浸种 3d 左右，用清水冲洗后催芽。

催芽是通过人工控制温度、湿度和空气，促进种胚萌动，长出根芽，使根芽整齐健壮，有利于扎根立苗，提高成秧率。催芽的方法很多，有地窖催芽、草堆催芽、箩筐催芽等，早稻催芽关键要掌握好保温催白、适温催根、保湿催芽和推晾炼芽 4 个环节。保温催白：从开始催芽到露白阶段。发芽的最低温度是 10～12℃，最适温度是 31～32℃，此期主要任务是保持稻谷在最适温度下破胸露白。方法是将吸足水分的种子清洗干净后，用 45℃左右的温水淘种，趁热上堆，保持谷堆 35℃左右，上下四周用保温材料围封起来。如果露白前温度低于 30℃，要用 35℃左右温水淋种保温。如果水分过多，不透气，会使种谷“发酵”，谷表发黏，有酒精味，这时要将种谷放在 30℃左右的温水中漂洗干净后再进行催芽。上堆催芽时间可安排在 17：00 左右，这样夜间不需检查，不会发生温度过高烧芽现象，待第二天白天检查是否破胸露白及其他处理比较方便。少量种子催芽可用布包起来，放到草堆中心保温催芽，不宜放在不透气的塑料袋内催芽。适温催根：露白前 2～3h，从所谓的破胸开始，稻谷呼吸作用急剧增强，大量放热，谷堆温度容易上升到 40℃以上而发生“烧芽”，这是个危险时期，要特别注意勤检查，及时翻堆散热，若温度过高，可结合翻堆淋 30℃温水降温，保持温度 30～32℃，10h 左右大多数根长达 3～4mm。保湿催芽：齐根后适当控制长根，促进芽的生长，使根芽协调生长，达到根短芽壮。根据“干长根、湿长芽”的原理，主要措施是淋 25℃左右的温水及翻堆散热，并把大堆分小，厚堆摊薄。摊晾炼芽：待芽长达半粒谷长时，要起堆摊放在室内 12～24h，谷层厚度 10cm 左右，并喷冷水炼芽，增加谷粒的抗寒能力。如遇阴雨天不能播种，则继续摊开摊薄，每天淋 2～3 次冷水，保持芽谷湿润，防止干芽，待天晴播种。

4. 湿润育秧技术

（1）秧田整做与施肥。湿润育秧的秧田应选择土质松软肥沃、排灌方便、距离大田较近的田块。秧田年前耕翻冻垡，播种前 10d 左右施基肥，每亩施腐熟有机肥或人畜粪1 000~2 000kg，8kg 尿素或 25kg 碳铵，30kg 过磷酸钙，施后耕翻，耙碎耙平。播种前 1d，排水开沟做畦，每亩面施尿素和氯化钾各 3~5kg，与表土充分混匀。畦面宽 1.5m，沟宽 20cm 左右，沟深 15cm 左右。畦面要求平、软、细，无外露的稻根、草，表层有浮泥，下层也较软，但不糊烂，以利透气和渗水。

（2）播种。由于早春气温和地温均较低，陷入泥土里的种子容易烂芽烂种，一定要等表土沉实后才能播种。播种要根据确定好的播种量，分畦定量播种，重在播匀，才能得到整齐一致的壮苗。播种后进行轻塌谷，使种子平躺贴土，有一面露在外表，塌谷有保温、抗旱、防冻害作用。塌谷后用浸湿过的草木灰或油菜壳、麦壳等物覆盖，以盖没种子为度。覆盖有防晒、防雀害及促进扎根等作用。早播的要搭弓盖薄膜，要抢冷尾暖头的晴天播种，遇阴雨天可晾芽 2~3d 等晴天播种。播种后遇雨不要灌水护芽，敞开田块口任由雨淋不让畦面积水，稻芽有一定的抗寒能力。以往播后遇阴雨天常灌深水护芽，由于缺氧反而容易造成烂芽烂秧。

（3）秧田的肥料管理。秧田的肥料追施，应从保持秧苗稳健生长为标准，通常要注意施好离乳肥、接力肥和起身肥三个环节。

秧苗长到 3 叶期，胚乳所含氮素营养已经消耗尽，就要靠根系吸收秧田里氮素生长，如果缺氮，秧苗植株含氮量低于 3.5%时，就不会出生分蘖。为了培育带蘖壮秧，需要及时追施离乳肥和接力肥，接力肥要根据秧龄的长短，确定施用次数。由于施肥到供肥有一个过程，离乳肥应在 1 叶 1 心期施用，一般每亩施尿素 3kg 左右。接力肥可在 3~4 叶期施用，每亩施 5kg 尿素。如果秧龄超过 40d，可在播种后 20~23d 再追施 1 次。施用起身肥能促进移栽后早发根、快发根，缩短返青期。起身肥在移栽前 3~5d 施用，要根据栽插进度分批分次追施，以保持叶片转色但不柔嫩。起身肥每亩仍按 5kg 尿素追施。

（4）秧田的水分管理。早稻湿润育秧的秧田水分管理容易掌握，一般秧苗 3.5 叶期前保持畦面湿润，不建立水层，即使遇上低温阴雨连绵的天气也不要上水护苗，否则会引起烂芽死苗或出生弱苗。晴天有时畦面晒开小裂也不要急于上水，畦面太干时可于傍晚灌跑马水。这样有利于秧苗扎根和根系生长，还可提高早稻秧田温度促进幼苗生长。3.5 叶期后，畦面保持浅水层不间断，以免造成移栽时拔秧困难。

5. 旱育秧技术

(1) 秧田整做与培肥。旱育苗床应选择土壤肥力高、地势高爽、排灌方便的庭院地、菜园地、旱地做苗床，旱地苗床需培肥，秋收让茬后，每亩施 1 500kg 切碎的稻、麦草，分两次施入耕层，播种前 30d 以前进行床土调酸，当 pH 值为 6.5、7.2、8.0 时，每 $1m^2$ 分别施硫黄粉 75g、100g、150g，与 0~10cm 床土充分混合均匀，施后土干时应立即浇一次水。播种前 10~15d，多次耕耙耖平，做到畦面平整、土碎、无碎石、无杂草，每 $1m^2$ 施腐熟有机肥 8~10kg，尿素 30g，过磷酸钙 150g，硫酸锌 3g，氯化钾 30g，与苗床 5cm 表土混合均匀。苗床整做规格，畦宽 1.2~1.4m，长 10m 左右，畦高 15~20cm，沟宽 40~50cm。播种前每 $1m^2$ 苗床用 70%敌克松粉 3g 兑水 2.4kg 于早晨或傍晚喷施防立枯病。

(2) 播种。播种前每 $1m^2$ 浇水 3~5kg，使 15cm 表土层湿透，未用烯效唑浸种的可用 0.78%多 · 多唑拌种剂拌种，按畦定量匀播。播后镇压，使种子三面贴土，盖盖种土，喷除草剂，最后架弓盖膜或平铺薄膜。

(3) 苗床管理。控温：保持温度 30~32℃，温度过高时要注意通风降温。1 叶 1 心后保持温度 25~28℃，3 叶期后逐渐加大通风口炼苗，使苗逐渐适应外界环境。中稻秧齐苗时于傍晚揭去薄膜并浇透水。追肥：2 叶 1 心期和移栽前 3~5d 各追 1 次尿素，每 1 追尿素 20g 兑水 2.5kg 喷施，喷后立即用清水冲洗 1 遍。

(4) 灌水。早晨叶尖不挂水珠，中午卷叶，表示缺水，浇 1 次透水，否则不需浇水。

(5) 除草。1.5~2.0 叶期，每平方米用 20%敌稗乳油 1.2mL 加

48%苯达松水剂 0. 17mL 兑水 40g 喷雾。

（三）大田耕作施肥与栽插

1. 大田耕作整地

大田耕作整地有两种方式，一是水耕水整，二是旱耕水整，耕前施好基肥，先施肥后耕翻。大田整地要达到如下标准：精耕细整，耕层深度 20cm 左右，不漏耕，要耙碎土块，使土层内不暗含大的硬土块，田面要细软平整，同一块田高低相差不超过 3cm。为水稻的生长发育创造一个良好的土壤环境。

2. 大田施肥

一般单产每亩 500kg 左右稻谷，需施 10～12kg 纯氮，单产每亩 600kg 以上的稻谷，需施 13～15kg 纯氮。氮、磷、钾之比约为 3∶1∶2. 5，其中有机肥占 20%～30%。早稻的基肥、蘖肥与穗肥的比例约为 5∶3∶2 或 4∶3∶3。具体来说，单产每亩 500kg 以上的早稻，每亩施肥总量为：有机肥 1 000kg 左右、尿素 20～25kg、过磷酸钙 25～30kg、氯化钾 10～15kg，其中基肥 10kg 尿素和 7～10kg 氯化钾，缺锌的田施 1～2kg 硫酸锌。有机肥及磷肥全作基肥。基肥施用方法是：将所要施的有机肥和无机肥（氮、磷、钾、锌）混合均匀后再撒施到大田中，紧接着耕翻整地。

3. 合理密植

合理密植要根据水稻品种（组合）的最佳单位面积穗数来确定基本苗的多少。至今为止，水稻不同品种（组合）的最佳单位面积穗数，仍然只能通过大量的生产实践来确定，也就是说靠一些经验数据。从近年来早稻试验分析及生产调查可知，早稻的有效穗约是基本苗的 2 倍左右，这样就可以根据不同品种（组合）的最佳有效穗推算出应该栽插多少基本苗。一般大穗型、中穗型和多穗型早稻，它们的高产每亩穗数分别是 20 万～22 万、24 万～26 万和 27 万～29 万，由此可知它们相应的每亩基本苗应是 10 万、12 万和 14 万左右为宜。

一般大穗型早稻，按 13. 3cm×23. 3cm 规格栽插，每穴栽 5 蘖苗左右（包括分蘖苗在内，下同），中穗型品种，按 13. 3cm×20cm 规格栽插，每穴栽 4.5 蘖苗左右，多穗型品种，按 10cm×20cm 规格栽插，每穴栽 4.3 蘖苗左右。

4. 提高栽插质量

水稻生产中的栽插质量的好坏对秧苗生根、返青的快慢，分蘖出生的早迟以及产量的高低都有很大的影响，要注意浅、直、匀、稳地栽插。

二、双季晚籼高产栽培技术

（一）双季晚籼的生产特点

双季晚籼主要分布在长江以南地区，种植的品种以杂交籼稻组合为主，早期种植的有汕优 64 和协优 64 等。现在种植的有丰源优 299、淦鑫 688、皖稻 199 号、T 优 272 等。双季晚籼生产期间，气温是由高向低逐渐下降的，育秧期间温度高，催芽容易，很少有烂芽烂秧现象出现，但秧苗容易徒长，移栽期间遇全年最高温阶段，秧叶易被晒焦，生产上要做好防徒长和避高温工作。抽穗灌浆期温度下降快，灌浆速度慢，有利于优质稻米生产，但易受寒露风危害而出现“翘穗头”，结实下降或不结实。为了确保安全抽穗，正常受精结实，根据历年气温情况，双季稻北缘地区确定晚籼的安全齐穗期为 9 月 10 日左右。

双季晚籼生长季节短，由于受前茬早稻让茬早迟的限制和安全齐穗期的制约，一般 6 月 15—20 日播种，到 9 月 10 日齐穗，播始历期 80~85d，品种（组合）的全生育期 110~125d。选用品种时要注意选用生育期适宜的高产优质品种，南方可选用生育期稍长的品种组合。

双季晚籼生长期间，病虫害发生为害频繁较重，要密切注意，及时防治。

（二）选用高产杂交组合，确立合理可行的高产群体结构

1. 选用高产品种组合

选用熟期相宜的晚稻高产品种或杂交组合，要根据早稻成熟收

割期确定，早稻让茬早的则选生育期较长的高产品种组合，早稻让茬晚的则选生育期较短的品种组合。一般选用全生育期 110~125d 的籼杂组合。另外要注意选用抗病抗虫性强，抗逆性好，米质优的高产品种（组合）。

2. 晚籼单产 500kg/亩以上的穗粒结构

双季晚籼生产上的不同品种（组合），其稻穗的大小在 100~150 粒，以此分类建立的单产每亩 500kg 以上的穗粒结构目标。大穗型品种（组合）的高产群体是：每亩有效穗 20 万~22 万，每穗 140~150 粒，结实率 80%~90%，千粒重 25~27g。小穗型品种（组合）的穗粒结构是：每亩有效穗 24 万~26 万，每穗90~110 粒，结实率 80%~90%，千粒重 26~28g。

（三）培育壮秧技术

1. 播栽期的确定

双季稻北缘地区的双晚生产对播栽期要求严格，必须确保所选用的双季晚籼品种（组合）能在安全齐穗期（9 月 10 日）齐穗，那么始穗期在 9 月 5 日左右，可以根据双季晚籼品种（组合）的播始历期向前推算，双季晚籼稻的播种期在 6 月 15—25 日。播种期确定之后，根据早稻的让茬期确定晚稻的移栽期，一般在 7 月 15—25 日移栽，秧龄 30~35d。

2. 播种量

晚稻育秧正处于高温快速生长阶段，播种量要比早、中稻降低。晚稻单产每亩 500kg 以上的湿润育秧每亩播种量为：常规品种 20kg 左右，杂交稻 10kg 左右。秧龄可长至 35d 左右，秧本田比为 1：(6~8)。

3. 浸种与催芽

浸种前的晒种、选种与早稻相同。由于 6 月中旬温度较高，浸种时种子吸水快，浸种时间不可长，杂交籼稻间隔浸种 24~36h，常规稻浸种 36~48h，并要每天换 1 次水。为预防恶苗病和秧苗徒长，可用烯效唑液浸种。单独预防恶苗病，可用 400 倍强氯精药液浸种或用浸种灵浸种。双季晚籼催芽容易，因为气温高，可采取日浸夜露的办法，直至破胸出芽。注意双季晚籼催芽不宜长，一般破胸露白即可播种，也有农户只浸种不催芽，直接播种。

4. 秧田整做与施肥

双晚秧田除有专用秧田外，还可选择土质松软肥沃，排灌方便，距大田较近的油菜茬或麦茬做秧田，湿润育秧的秧田整做同早稻秧田。每亩施基肥量为：腐熟的人畜粪 1 000kg、10kg 尿素、25kg 过磷酸钙、5kg 氯化钾，化肥混合后均匀撒施。播种前 1d 排水开沟做畦，浮泥沉实后播种。

5. 播种

根据确定好的播种量和播种面积，分畦定量播种，先播总种量的 70%～80%，剩下的补缺补稀，先播后补，重在播匀。双季晚籼播种由于温度高，蒸发量大，表土容易干燥，播种后要重塌谷，使种子基本贴到泥里，但也不可过深，表面尚能见到种子为宜。塌谷后用麦壳或菜籽壳覆盖，有防晒、防雀害及促进生根作用。

6. 秧田管理

秧田期要做好肥水病虫害管理和防徒长管理，培育健壮无损伤活力强的秧苗。秧田要追好离乳肥、接力肥和起身肥：秧苗 1 叶 1 心期，每亩施离乳肥 4kg 左右的尿素，3 叶期每亩施接力肥 5kg 尿素，移栽前 3～4d 每亩追施起身肥 5kg 尿素。起身肥要根据栽插进度分次追施。管水：双晚湿润育秧，由于温度高秧苗长得快，畦面淹水比早稻早，一般 3 叶期前保持畦面湿润，3 叶期后保持畦面浅水不断。控苗：双晚秧苗容易徒长，如未用“烯效唑”浸种的，要在秧苗 1 叶 1 心期喷多效唑控高促蘖，每亩秧田用 200g 15% 的多效唑粉剂，兑水 100kg 对秧苗均匀喷雾，喷药前要排干水，注意匀喷，不漏喷也不能重喷，重喷易产生药害，秧苗长不起来。一旦发现药害，立即施用速效氮肥恢复。双季晚籼秧病虫害多，注意稻瘟病、白叶枯病、稻蓟马、螟虫等病虫为害，一旦发现，立即用药防治。除草，播后 2～3d，每亩用高效广谱除草剂“直播清”40～60g，兑水 40kg

均匀喷雾，施药后保持沟有水，畦面湿润。

（四）稻田栽插及管理

1. 施足基肥

杂交晚籼吸收氮磷量不比常规品种高，吸钾量则显著增加。单产每亩500kg稻谷，常规品种吸收纯氮10~12.5kg，五氧化二磷4~6kg，氯化钾10~15kg，而杂交稻约吸收纯氮10kg左右，五氧化二磷5kg左右，氯化钾17kg左右，因此杂交晚籼要注意增施钾肥。在生产中，一般中等肥力的田块，每亩施尿素25kg，4级过磷酸钙40kg，氯化钾20kg，菜籽饼40kg。高肥力田块，每亩施尿素20kg，4级过磷酸钙25kg，氯化钾15kg，菜籽饼35kg。由于双晚同早籼一样，本田营养生长期短，为发足穗数，前期肥料要足。一般施基肥量是：尿素和钾肥各施总量的40%和50%，磷肥和菜籽饼（或其他有机肥）全部于耕翻前一次施下，施后紧接着耕播整地。

2. 合理密植

前面确定的群体结构要求，大穗型品种（组合）每亩有效穗20万~22万，小穗型品种（组合）每亩有效穗24万~26万。根据试验研究，每亩要达20万~22万穗，基本苗要栽7.5万~8.0万；要达到24万~26万穗，基本苗要栽9万~10万。小穗型组合按13.3cm×20.0cm规格栽插，每穴栽4蘖苗。大穗型组合按13.3cm×23.3cm规格栽插，每穴栽3.7苗左右。要提高栽插质量，做到浅、直、匀、稳地栽插，不浮秧倒苗，不缺株少穴。

3. 适时追肥

双季晚籼在8月上旬进入幼穗分化，移栽后有效营养生长期不长，需促早发争大穗，栽后5d追施返青促蘖肥，每亩追施尿素7.5kg，拔节期每亩追尿素3kg，氯化钾5kg，当幼穗分化长度达1：（0~1.5）cm时，每亩追施尿素5.0kg，氯化钾3kg，齐穗后根据苗情酌量叶面喷施磷酸二氢钾和尿素溶液，防早衰，促灌浆结实。

4. 薄湿水灌

双季晚籼分蘖期温度高，肥料分解快，淹水时易产生有毒物质，危害幼苗生长和分蘖，灌水以薄露湿润灌溉为主，当每穴茎蘖苗达10苗左右开始晒田，多次轻晒，晒到分蘖不再上升为止，转入湿润灌溉，直到抽穗开花期的前半个月或病虫害防治期保持3cm左右浅水层，灌浆后期也是干干湿湿，注意不要过早断水，一般收获前5～7d断水为宜。

5. 病虫害综合防治

双晚温度高，湿度大，病虫害容易发生和蔓延，要加强综合防治力度。在采取的农业防治，物理防治，生物及生物药剂防治的综合控制下，对病虫重发田块采取必要的化学药剂防治。双季晚稻主要病害有恶苗病、稻瘟病、白叶枯病、纹枯病和稻曲病，主要的虫害有稻蓟马，稻纵卷叶螟，二化螟，三化螟和稻飞虱等，要及时做好防治。用浸种灵、强氯精、烯效唑等药剂浸种可预防恶苗病，田间发现恶苗病株要及时拔除。稻瘟病可每亩用20%三环唑粉剂100～130g或40%富士1号乳剂75～100g，兑水50kg喷雾防治。白叶枯病可用20%叶青双600倍液或10%叶枯净300～500倍液喷洒，每次每亩喷施药液量为50～75kg。纹枯病每亩可用20%井冈霉素100g或50%多菌灵100g兑50kg水喷雾，从分蘖末期到抽穗喷2～3次。稻曲病每亩可用50%多菌灵100～150g或20%粉锈宁乳剂40～50mL兑水50～75kg于抽穗前15d喷1次，抽穗前7d再喷1次预防。稻飞虱可每亩用10%吡虫啉40～50g或25%扑虱灵50g等兑水50～75kg喷洒植株的中、下部。其他虫害可用杀虫双、杀虫单、三唑磷、康宽等农药防治。

三、双季晚粳高产栽培技术

（一）双季晚粳的生产特点

双季晚粳主要分布在双季稻北缘地区的江淮南部，沿江江南地区也有种植，而且面积仍在逐年扩大。由于粳稻比籼稻抽穗灌浆期更耐低温（一般比籼稻低2℃），此地种植粳稻比种植籼稻更加安全保收，粳稻的安全齐穗期是9月20日，比籼稻晚10d左右。随着沪宁杭地区对优质粳稻的市场需求不断增长，双季晚粳已在双季稻区广泛种植，经济效益比晚籼更高。种植的晚粳品种有晚粳 M002、宁粳 3 号、皖垦糯 1 号等。近几年来由于地球变暖，一些感光性中粳品种也在部分地区作双晚品种种植，如武运粳 7 号等。双季晚粳单产高的超过每亩 600kg，已超过双季早稻的产量水平。双季晚粳米品质好，比晚籼和中粳米品质都好，售价高，经济效益好，种植面积趋于扩大。

双季晚粳一般在 6 月 20 日至 6 月底播种，7 月中下旬移栽，育秧期间温度高，且温度是上升的，秧苗生长快，易出现徒长。栽秧是全年最热的时候，劳动强度大，也是最辛苦的季节。8 月下旬后，温度逐渐下降，9 月下旬后常遇寒露风危害。晚粳的播始历期 80~90d，全生育期 130d 左右。选用品种要注意早、晚熟品种搭配，在生长期允许的条件下尽量选用生育期稍长的增产潜力大的高产稳产品种（组合）。育秧上要注意稀播匀播和化控培育多蘖壮秧和防秧苗徒长，移栽时尽量避免心叶被晒焦，生长期间要加强病虫害防治工作，尤其混杂单晚的双季稻区更要加强防治。双季晚粳的高产高效栽培，要从以下几方面入手。

（二）选用高产优质生育期适宜的晚粳品种和杂交组合

1. 选用优质高产品种（组合）

选用双季晚粳品种（组合），要考虑面向市场。双季稻区生产的晚粳稻，绝大部分卖向外地，由于本地人以早稻为主粮，因此，首先要选用高产、品质优的品种，才能卖出好价，实现高效。其次要考虑生育期是否合适，接早茬选用 130d 左右生育期的品种，接迟茬选用 120~125d 生育期的品种。另外要注意选用抗病、抗虫性强，抗逆性好的品种（组合），有利于无公害生产，有利于食品安全和提高效益。

2. 建立合理的高产群体结构

双季晚粳生产上的品种（组合），大穗型每穗 130~140 粒，小穗型每穗 80~90 粒，千粒重多在 22~26g。建立单产每亩 550kg 以上产量目标的群体穗粒结构为：大穗型品种每亩有效穗 22 万~23 万穗，每穗 130~135 粒，结实率 80%~85%，千粒重 25~26g。小穗型品种：每亩有效穗 32 万~34 万穗，每穗 80~90 粒，结实率 85%~90%，千粒重 25~26g。以上穗粒结构中，对千粒重低的小粒型品种，如千粒重在 25g 以下的品种，可以根据千粒重大小调整单位面积有效穗，制订高产目标。

（三）培育壮秧技术

1. 播栽期

播种期在 6 月 17 日至 6 月 27 日。移栽期主要看前茬早稻让茬早晚决定，一般应在 7 月底前栽插完毕，不栽 8 月秧，以 7 月 25 日前栽插效果较好。

2. 播种量

晚粳常规品种及杂交组合由于分蘖力不如籼稻，大田用种量较多，双季晚粳杂交稻每亩用种量达 2. 5kg 左右，因而播种量要稍多些。一般单产 550kg/亩产量水平的湿润育秧的每亩播种量为：常规粳稻品种 25kg 左右，杂交粳稻 15kg 左右，秧本田比为 1：（6~7）。

3. 浸种与催芽

粳稻吸水速度比籼稻慢，浸种时间可适当延长些。一般常规晚粳浸种 48h 以上，杂交粳稻浸种 36~48h。浸种催芽方法同晚籼。

4. 秧田整做与施肥

播种和秧田管理同晚籼育秧，不再赘述。

（四）稻田栽插管理

1. 施足基肥

双季晚粳比晚籼需肥量多，要增加肥料用量，满足高产群体的需求。单产每亩 550kg 以上的稻谷，需纯氮 13~16kg，五氧化二磷 4~6kg，氯化钾 13~15kg。生产中，一般中等肥力的田块，每亩施尿素 30kg，4 级过磷酸钙 40kg，氯化钾 23kg，菜籽饼 50kg。肥力高的田块，每亩施尿素 25kg，4 级过磷酸钙 30kg，氯化钾 18kg，菜籽饼 40kg。其中基肥施 40%尿素和 50%氯化钾，磷肥及饼肥（或其他有机肥）全部于耕翻前一次性施下，施后紧接着耕翻整地。

2. 合理密植

根据试验研究与生产调查，大穗型品种（组合）每亩要达 22 万~23 万穗，基本苗要栽 10 万以上，小穗型品种（组合）每亩要达 28 万~30 万穗，基本苗要栽 15 万以上。大穗型品种按 13. 3cm×20. 0cm 规格栽插，每亩栽插 2. 5 万穴，每穴栽 5~6 蘖苗。小穗型品种按 13. 3cm×16. 7cm 规格栽插，每亩栽插 3 万穴，每穴栽 5~6 蘖苗。双季晚粳栽插的早迟对产量影响很大，要抢时间力争早栽插。为防止中午蒸发量太大而引起秧苗失水萎蔫，生产上可采取上午拔秧，下午栽插的方法，减少、减轻焦叶，缩短返青缓苗期，为早生快发打好基础。

3. 适时追肥

双季晚粳同晚籼一样，要尽早追施返青分蘖肥促早发，栽后 5d 每亩追施 5~10kg 尿素，拔节期每亩追 5kg 尿素和 5kg 氯化钾，抽穗前 18d 左右，当幼穗长度达 1~1. 5cm 时，每亩看苗追施尿素和钾肥各 5kg，叶色淡的早追，叶色浓绿的推迟施或减量施。双晚抽穗后温度下降较快，齐穗期一般不追粒肥，以免贪青晚熟而减产。叶色变淡的田块，可在齐穗后 3d，每亩用 100g 磷酸二氢钾和 500g 尿素，兑水 50kg 喷雾，提高结实率和粒重。

4. 水分管理

水分管理与双季晚籼基本相同。

5. 病虫害防治

双季晚粳的病虫害种类及防治同双季晚籼，要特别注意纹枯病、稻瘟病和稻曲病的预防工作以及稻飞虱暴发年份的及时防治工作。

第四节　稻麦两熟周年全程机械化保护性耕作技术

水稻—小麦两熟种植制度是长江下游经济发达地区的主导粮食生产模式，目前，提高稻麦周年产量和效益以满足粮食安全和农民增收的要求是稻麦两熟种植模式的首要任务。而务农劳力的紧缺和素质的下降，也使得提高机械化作业程度进而提高劳动生产率成为稻麦生产的发展趋势。同时，以往农业的高投入高废弃生产方式导致资源利用效率低下、农业面源污染加剧，因此. 实现稻麦秸秆全量还田以减少露天焚烧、化肥农药的减量高效利用是满足改善生态环境的要求，是稻麦两熟种植模式可持续发展的重要手段。

一、关键技术规程

（一）农艺程序

水稻生产农艺程序：塑盘育秧→机收小麦（秸秆粉碎还田）→人工挑匀→施基肥→旋耕机埋草→水沤→水耙压草起浆→机插水稻→农药化肥减量高效利用→机收水稻。小麦生产农艺程序：机收水稻（秸秆粉碎还田）→人工挑匀→旋耕机埋草→小麦机条播→开沟防渍→农药化肥减量高效利用→机收小麦。

（二）作物收割

小麦、水稻均采用联合收割机收获。小麦穗层整齐度不高宜采用全喂入式收割机（如福田雷沃谷神 4LZ-2）收割，同时将脱粒后的小麦秸秆粉碎还田，还田秸秆人工挑匀。一般采用动力较大的半喂入式水稻收获机（如久保田 PRO 488）将水稻脱粒后秸秆粉碎还田，水稻秸秆经由收割机切割成 5~10cm，人工挑匀秸秆成堆处。

（三）整地播栽

1. 水稻栽插

前茬作物（小麦）收获后，每公顷施商品有机肥 750kg、45%复合肥 300kg 加碳酸氢铵 225kg 作基肥。反转旋耕机干旋整地，一次性完成灭茬、秸秆还田，深度要达到 12~15cm。上水沤田后将田面水层深度保持在 1~3cm，用水田驱动耙压草平地起浆，作业完毕沉实 1d 后插秧。机插时田面水层深度在 1~3cm，栽插规格：行距 30cm，株距 13cm，密度 25. 5 万~27 万穴/hm^2，基本苗 90 万~120 万株/hm^2。

2. 小麦播种

水稻收获后，每公顷施商品有机肥 750kg、45%复合肥 300kg 加尿素 97kg 作基肥。反转旋耕机整地，完成灭茬、秸秆还田后采用小型条播机播种，一次完成小麦播种、覆土、镇压等作业，播量 150kg/hm^{2}左右。如果播种期不在适期播种范围内，一般每推迟一天播种量增加 3.75～7.5kg/hm^2。

（四）田间水分管理

1. 水稻水浆管理

在秧苗返青活棵后适当脱水 1～2d 露田增氧，通气促根，以促进土壤气体交换和有害气体释放，之后采用润湿灌溉，每次灌水10～30mm，田面夜间无水层，次日上新水。这样有利于沉实土壤，促进水稻分蘖发生。当总茎蘖数达到穗数苗的 85%时开始脱水分次轻搁田，为提高搁田质量，提倡开沟搁田。搁田复水后采用间隙灌溉，干干湿湿，养根保叶、提高水稻结实率和千粒重。机械收割前 15d 断水硬田。

2. 小麦开沟防渍

由于秸秆还田增加了土壤保水能力，如遇连续阴雨造成排水不畅，易导致小麦种子烂种影响出苗，因此在小麦播种后要及时开沟防渍，做到“三沟”配套，达到雨停田干，减轻渍涝危害。内三沟要求：竖沟间隔小于 4m、沟深大于 0.2m，横沟间隔小于 50m、沟深大于 0.3m，出水沟深大于 0.4m；外三沟要求统一作业，沟深大于 1m。

（五）施肥

1. 稻季施肥

氮肥总施用量 225～270kg/hm^2，为保证水稻分蘖发生，基蘖肥与穗肥之比以 6∶4 或 7∶3 为宜。基蘖肥中，基肥占 30%、分蘖肥占 70%，穗肥氮肥中，促花肥（倒 4 叶）占 50%、保花肥（倒 2 叶）占 50%。磷钾肥按 $N : P_2O_5 : K_2O = 1 : 0.5 : 0.7$ 的比例施用。

磷肥作基肥一次施用，钾肥 50%作基肥、50%作拔节肥（倒 4 叶）。在施肥方法上，基肥全层施用，追肥采取干施后灌水，以水带肥入土。

2. 麦季施肥

施纯氮 180kg/hm^{2}左右，为避免秸秆还田引起土壤脱氮导致麦苗发黄现象，应适当提高前期氮肥的比例，氮肥运筹为基肥：平衡肥：促花肥为 6：1：3；磷钾肥按 N：P_2O_5：K_2O = 1：0.5：0.5 的比例施用，磷钾肥 50%作基肥，50%作促花肥（倒 3 叶）。

（六）病虫草害防治

保护性耕作应特别注意水稻纹枯病的防治。

种植水稻时，栽后 5～7d 化学除草，每公顷用 10%丁·苄可湿性粉剂 7 500g 拌细泥撒施，并保持水层 3～4d。7 月上旬，视虫情防治一代纵卷叶螟。7 月 20 日左右，视虫情主攻二代三化螟、兼治二代纵卷叶螟、白背飞虱，每公顷用 36%敌·唑磷乳油（稻螟敌）2 250mL 加 50%赛特净可湿性粉剂 300g 兑水 900kg 喷雾。8 月上旬，视虫情防治三代一峰纵卷叶螟、褐飞虱、纹枯病，每公顷用 46%吡·单可湿性粉剂（稻欢）120g 加 10%井· SD23 悬浮剂（真灵）8 000mL 兑水 900kg 喷雾。破口期视虫情防治三代三化螟、二代二化螟、稻曲病、稻疽病、纹枯病，乳熟期视虫情防治稻飞虱，每公顷用 20%阿维·唑磷乳油 750mL 加 20%三环唑可湿性粉剂 900g 加 20%井·SD23 悬浮剂 1 800mL 兑水 60kg 喷雾。

种植小麦时，除人工除草以外，应主要采用化学药剂防除，一般在芽前每公顷用 75%巨星悬浮剂 0.9～1.4g 加 10%精骠马乳油 750mL 兑水 900kg 于杂草 2～3 叶期防除。在返青期至拔节期防治纹枯病，每公顷用 5%井冈霉素水剂 750mL 加水 900kg 喷雾。抽穗开花期防治麦蚜虫、赤霉病、白粉病、锈病等，每公顷用 10%蚍虫啉可湿性粉剂、15%三唑酮可湿性粉剂 1 125g 兑水 900kg 喷雾。

二、技术模式应注意的问题

本技术模式适宜在灌排条件良好的稻麦两熟制农田推广，试区农业生产机械化程度应相对较高。

在稻麦茬口衔接问题上要注意稻麦品种的熟期选择，品种成熟过迟会影响下茬作物的最佳播栽期。在秸秆还田量与机械动力配套方面，需要加大机械动力，否则会使秸秆还田不充分，影响水稻机插质量或小麦出苗。

为减少农药施用量和提高药效，应根据病虫测报，在专家指导下确定农药施用量，使用静电喷雾机进行精量喷药，喷药时使用农药增效剂，生物农药部分替代化学农药。

水稻收割前应根据天气预报调节大田断水时间，如后期天气晴好则在收割前 15d 断水硬田，如天气阴雨可适当提前断水时间或推迟收割时间。

第九章 棉 花

第一节 移栽地膜棉栽培技术

移栽地膜棉是指棉花在苗床育苗、移栽大田后再进行地膜覆盖，又叫双（两）膜棉。相比较，在直播基础上再覆盖地膜叫直播地膜棉，仅直播而不移栽和不覆盖叫露地棉。双膜棉同时具备了育苗移栽和地膜覆盖的双重作用，具有增产、改善品质和增效的诸多优点。

一、移栽地膜棉增产效果和增产原因

我国人多地少，提高复种指数是扩大耕地面积和增产大宗农产品的必由之路。全国棉田两熟或多熟种植占总面积的最高比例曾达到70%。棉田两熟或多熟种植，周年生产小麦250~300kg/亩，或油菜150kg/亩，同时，还生产皮棉70~80kg。然而，棉田实行两熟或多熟种植，对提高棉花产量和改善品质特别是霜前优质棉比例增加了相当的难度，主要原因是由于共生期前茬小麦对棉花生长的不利影响，或因前茬油菜或大麦收获后移栽棉花生长时间不充足而导致棉花晚发、晚熟、低产、劣质。如何在两熟或多熟种植条件下进一步提高棉花产量和改善品质，是我国棉花生产技术中需要不断研究解决的关键问题。

二、长江中下游移栽地膜棉栽培技术规程

（一）目标产量和产量构成

1. 目标产量

目标皮棉产量100~125kg/亩。产量结构：收获密度2 500~

3 500株/亩，单株果枝 16~18 台，成铃 23~25 个，其中伏前桃占 10%~15%，伏桃占 45%~50%，秋桃占 35%~40%，总成铃 7 万~8.5 万个/亩，单铃重 3.8~4g，衣分 37.5%~39%，生物学产量700~850kg/亩，经济系数 0.37~0.39。

2. 生长发育指标

生育进程：3 月 25 日至 4 月 5 日播种，4 月 5 日至 15 日齐苗，6 月 5 日前后现蕾，7 月 5 日前后开花，8 月 20 日至 25 日吐絮。

3. 生育动态

6 月 20 日：株高 30~35cm，日增量 0.8~1.0cm；单株果枝 3.5~4.5 台，蕾数 5~7 个，总果节 5.3~7.2 个；叶面积系数0.6~0.7。

7 月 20 日：株高 80~90cm，日增量 2.0~2.5cm；单株果枝 13.5~14.5 台，蕾数 28~30 个，小铃 4~5 个，大铃 3.0~4.0 个，总果节 46~50 个；叶面积系数 2.5~3.0。

8 月 15 日：株高 100~110cm，单株果枝 16~18 台，蕾数 18~22 个，小铃 5.0~6.5 个，大铃 14.5~16.5 个，总果节 65~72 个；叶面积系数 3.8~4.0。

8 月 30 日：单株蕾数 8.0~10.5 个，小铃 3.0~3.5 个，大铃18.5~20.5 个，总果节 70~75 个；叶面积系数 3.5~3.7。

（二）栽培管理技术规程

1. 苗床育苗和移栽管理

（1）育苗阶段。

①时间。3 月中旬至 5 月底。

②主攻目标。培育早苗、壮苗，成苗率 80%以上，成苗数 4 500~4 800 株/床。

③生育指标。移栽时棉苗真叶数，早茬 3.0~4.0 片，中茬4.0~5.0 片，晚茬 5.0~6.0 片，植株矮壮，红茎对半，叶色深绿，白根盘钵，子叶完好率 80%以上。

（2）床地准备。

①留足床地。床地要选择地势高爽、排灌通畅、管理方便的地

段。苗床与大田比例为 1∶12。床地净宽一般为 1.5m，净长 20～25m。

②苗床整地。床地于冬季深翻熟化 2 次，有条件的可用手扶拖拉机旋耕翻捣，早春再细捣 2～3 次，拾净杂物，达到泥细泥熟，上虚下实。床地四周开围沟，做到高床深沟。

③培肥钵土。苗床肥料投入，要求有机肥和无机肥结合，氮、磷、钾三要素搭配，缺硼田块补施硼肥。肥料投入量占总肥量的10%左右。一般每亩大田床地，需施人畜粪 100～150kg，腐熟猪羊灰100～150kg，腐熟饼肥 4～5kg，碳铵 5～6kg，过磷酸钙 4～5kg，氯化钾 2～2.5kg，硼砂 0.15kg。有机肥在 2 月底至 3 月初施入，无机肥在制钵前一星期施入。为简化操作，无机肥可改用苗床专用复合肥，数量按各元素配比要求而定。肥料施入后，要结合整地使泥肥充分混合。

（3）制钵播种。

①选用良种。选择适宜本地栽种的高产、抗病、优质良种；种子实行产、加、销一条龙服务；加工好后的种子进行小包装，以县为单位统一供种到户。

②精细制钵。选用 7cm 左右钵径的制钵器，于播种前 3～5d 制钵。钵土要隔日窨足水，以手捏成团，落地撒开为标准。制钵前土面撒上干草木灰。制钵时苗床两边拉绳定格，摆钵宽度 1.3～1.4m，边制钵边排钵，排钵要平整靠紧，四周壅泥护钵，筑好小田埂，然后平铺薄膜，保墒待播；并准备好足量盖籽泥。

③适时播种。当日平均气温稳定在 8～10℃以上时为安全播种期；常年 3 月 25 日至 4 月 5 日为播种适期；具体要看天行事，抓住冷尾暖头，抢晴好天气突击播种，以利一播全苗。播前苗床要浇足水，达到钵间见明水。然后用 50%多菌灵 25g 加水 20～25kg 喷洒体面消毒。播种时每钵播种 1～2 粒。播后覆盖 1.5～2cm 厚细泥，填满钵间缝隙。

④化学除草。播种覆土后，每亩床地用床草净 1 支，或用 25%绿麦隆 50g 喷在床面上，防止杂草生长。

⑤搭棚盖膜。化学除草结束后进行搭棚盖膜。棚架要求坚固，竹片弯成弓形，环距60~70cm，棚高45~50cm。盖膜时要绷紧薄膜，四边埋入土内，或用砖块压紧。然后在棚顶上拉绳固牢。苗床四周清理好出水沟，防止雨后积水。

（4）苗床管理。

①保温出苗。播种后要做到保温保湿催出苗。齐苗前薄膜一般以密封为主，以最大限度地提高棚内温度。但当棚内温度超过40℃时，要开通风洞降温，防止因温度过高而发生烧苗。一般播后7~10d可陆续出苗。

②齐苗“三抢”。当出苗达80%~90%时，棚内先通风1~2d，齐苗后做好“三抢”工作：一抢晒床散湿炼苗，选择晴暖天气，于上午9：00—15：00揭膜晒床炼苗，连续2~3d，晒到床土发白，棉苗红茎升至40%~50%时为宜。二抢间苗定苗，结合晒床炼苗，及时进行间苗定苗，防止高脚窜苗。三抢防病护苗，于定苗后用1：1：200的波尔多液防治棉苗叶病，也可用50%多菌灵粉剂或稻脚青加水1 000~1 500倍液进行浇根防治棉苗根病。

③棉苗化控。于子叶展平至露心叶前，每亩苗床用壮苗素1支加水2~2.5kg喷洒棉苗，以达到控上促下的目的。晚茬移栽的苗龄较长，若生长过旺，可在栽前10d左右进行第2次化控。

④合理控温。为简化繁琐的揭盖膜操作，控温方式宜采用“S形窑门式”通风。在完成“三抢”管理后，于苗床两侧每隔2m左右开一个通风洞，呈“S”形排列。通风口用0.8~1.0m长竹片将薄膜外沿卷牢，并向外拉紧，距营养钵15cm处将竹片两头插入土中，弯曲成“窑门式”洞口，洞口高15~20cm，宽约30cm。洞口两侧薄膜用砖块或泥压实。苗床两头也要开好通风口。这样在一般情况下就不必进行早揭膜夜盖膜，而只需根据气温和棉苗长相，调节通风口的大小和交替变换通风口的位置。棚内温度宜控制在25~30℃，最高不超过35℃。移栽前4~5d进行日夜揭膜炼苗。5月中下旬移栽的中、晚茬棉苗，届时因气温较高，栽前应以搭凉棚为主，如遇突发性灾害天气，应及时盖好棚膜，防止因灾伤苗。

⑤假植促壮。假植可起到控上促下和散湿防病的作用。移栽地膜棉宜采取小苗假植，假植时间可比常规移栽棉提早5~7d。一般掌握在两片子叶展平，真叶露尖时进行。假植要选择晴好天气，用小铲切断主根，重新排钵，剔除病苗、空钵。假植后要先补泥，做到钵不见缝，四周壅好土。然后看天、看苗做好补水、补肥工作，一般应在10：00—15：00进行。待叶面水分收干后即盖好棚膜，开好通风洞。要防止因嫩苗假植、低温假植、粗放假植而伤及棉苗，导致僵苗发生。

⑥起苗“三带”。棉苗移栽要做到“三带”，即带肥、带药、带墒。于栽前5~6d施好一次起身肥，每亩苗床施尿素0.5~1.0kg，或用2~3度清水粪100~150kg，使棉苗上力不上色。移栽前1~2d浇足一次水，使钵土充分湿润。

（5）移栽阶段。

①时间。5月上旬至6月初。

②主攻目标。早醒棵早发苗早现蕾。

③生育指标。栽后3d生白根，5d长新叶，7d醒足棵，6月5—10日现蕾。

2. 适时移栽，加强管理

（1）大田准备。

（2）调整畦宽。为实施群体质量栽培，充分发挥移栽地膜棉的早发优势，要在秋播时调整好棉田畦宽，有利实行扩行调株。棉田畦宽以3m为中心，每畦种4行棉花，宽窄行种植，每个组合为1.5m，窄行覆盖地膜。

（3）熟化土壤。移栽地膜棉根系较浅，后期活力衰退相对较快，栽前土壤需要深翻熟化，为促进根系发育创造良好条件。麦套棉栽幅要在冬季进行深翻冻垡，2—3月再细捣2~3次，达到泥细泥熟，并将畦面整成平龟背型。中、晚茬移栽，有条件的地方也应提倡耕翻移栽或深中耕移栽，以疏松土壤，促进通气发根。

（4）扶理前巷。麦套棉铺膜移栽前，对有倒伏趋势和已倒伏的麦子进行扶理。倒伏较严重的可扎成小把或用绳子拦好，以改善栽培的光照条件，提高土温，促使棉苗栽后早醒早发。

（5）栽前施肥。移栽地膜棉大田基肥要求在铺膜移栽前施用。一般每亩施土杂肥 1 000~1 500 kg，或腐熟饼肥 20~25kg；碳铵 15~20kg，过磷酸钙 20~25kg，氯化钾 7.5~10kg，或氮、磷、钾、硼含量为 8 : 7 : 10 : 2 的专用复合肥 40~50kg。施用时间和方法，有机肥可结合捣细土于栽前 15~20d 施下，无机肥可结合整地于栽前 7~10d 捣入土中，杜绝打塘穴施，以防根肥接触，发生肥害伤根。

（6）化学除草。移栽地膜棉若膜内发生较多杂草，会影响薄膜的透光和保温性能，并与棉苗争肥，因而要在精整空幅土面的基础上，喷施一次除草剂。一般每亩空幅土面可用 25% 乙草胺 50g 加水 25kg 均匀喷洒，可有效防除杂草。

（7）精细铺膜。化学除草结束后即覆盖地膜（厚度 0.006~0.008mm），铺膜要着重注意三点：一是要抓住雨后抢墒铺膜，以利保墒移栽。二是要根据移栽组合确定地膜宽度，一般选用幅宽为 80cm 左右的地膜，地膜铺在小行上。三是要使地膜贴紧土面，两边埋入土内，防止大风掀膜。

（8）大田移栽。

①适期抢栽。当天气温度稳定在 17℃ 以上时为安全移栽期。因地膜具有增温作用，故移栽地膜棉的栽期可比常规移栽棉适当提早。一般麦垄套栽可在 5 月 10 日前后开始，5 月 20 日前移栽结束。麦（油）后移栽要立足于抢，于 5 月底 6 月初抢栽结束，力争不栽 6 月苗。

②合理密植。移栽密度每亩 2 500~3 500 株，具体要根据茬口、品种、地力等条件而定。行株距配置，宜采用宽窄行组合，平均行距 75cm 左右，大行 83~100cm，小行 60~67cm，株距 25~30cm。

③打塘移栽。棉苗移栽要根据预定行株距配置要求，先用制钵器在膜上打好塘，塘深略超钵体高度，确保移栽不断钵，不露肩，不落坑。移栽时要注意大小苗分级移栽，达到株间平衡一致。在做好带墒铺膜和起苗“三带”的情况下，可不浇活棵水。栽后用细泥填没缝隙，防止水分散失和蒸腾伤苗。中晚茬移栽时因气温较高，

易失墒，一定要浇足活棵水。移栽结束后马上清扫膜面。

(9) 配套沟系。为防止明涝暗渍，要抢在梅雨来临前高标准高质量地开好棉田一套沟，做到畦畦有竖沟，沟深 30cm，每 25～30m 开挖一条腰沟，沟深 40～50cm；田间四周开好围沟，沟深 50～60cm；一条（匡）棉田开挖一条总排水沟，沟深 80～100cm；稻棉轮作地区还要加开隔水沟。达到开沟级级深，灌排路路通，把湿害根治在前期。

3. 栽后管理，一管到底

(1) 蕾期管理。时间：6 月初至 7 月上旬；主攻目标：早发稳长，壮株中蕾；生育指标：6 月 5 日左右现蕾，7 月 5 日左右开花，单株果枝 11～12 台，单株蕾数 22～25 个。

①化学调控。根据移栽地膜棉栽后醒棵早，发苗快，营养生长相对较旺盛的特点，要及时看天、看地、看苗进行化学调控，以防止疯长，控制株型，减少花蕾脱落，协调营养生长与生殖生长的关系。蕾期化学调控一般进行 2 次。第 1 次于 6 月上中旬，用助壮素 6～8mL/亩；第 2 次于初花期，用助壮素 8～10mL/亩。具体要掌握“三轻三重”原则，即：蕾期使用宜轻，花期使用宜重；控制株型宜轻，制止疯长宜重；天气偏干宜轻，阴雨足墒宜重。

②及时整枝。叶枝顶端生长优势较强，养分消耗多，只能间接开花结铃，宜及早整掉，一般叶枝长度不宜超过 10cm。有旺长趋势的棉花苗，整枝时可连同第一果枝以下的主茎叶片一起整掉，以利控制旺长，改善生长环境。具体方法，用大拇指向叶枝生长的反方向轻推即可。

③清沟理墒。蕾期生长阶段，本区一般正值梅雨季节，阴雨连绵，光照不足，易造成明涝暗渍，花蕾大量脱落。因此，要在提前配套棉田沟系的基础上，及时进行清沟理墒，确保沟系畅通，迅速排除田间积水，防止湿害伤根，控制花蕾脱落。

④防治虫害。蕾期要主治二代盲椿象，兼治蚜虫等其他害虫。要及时掌握虫情的发生发展，并根据防治标准，及时用药防治。一般可用菊酯类农药进行化学防治，每隔 10d 左右用一次药。

（2）花铃期管理。时间：7 月初至 8 月底。主攻目标：协调肥水，“三桃”齐结，优质桃当家。生育指标：7 月上旬进入现蕾高峰，7 月下旬进入开花结铃高峰，日增大铃超过 0. 3 个的结铃高峰期达到 30d 以上；单株伏前桃达到 3. 0~4. 0 个，伏桃 10~12 个，早秋桃 4. 0~5. 0 个。

①破膜中耕。进入 6 月下旬，随着气温升高，地膜的增温效应逐渐下降，需及时进行破膜中耕。破膜时间一般掌握在 6 月底至 7 月初，并注意把残膜清理出田外，防止污染土壤。破膜后即进行中耕松土，通气促根，并做好高垄深沟，固根防倒。

②施花铃肥。花铃肥要求分 2 次施用。移栽地膜棉由于生育进程较早，养分释放快，肥力消耗大，因而第 1 次花铃肥施用时间应比常规移栽适当提前，一般于 7 月初叶色落黄，下部坐住早桃时施用；肥料种类应以有机肥为主，搭配施用适量化肥；施用数量，一般每亩施猪羊灰 750~1 000kg，或用棉仁饼 40~50kg，过磷酸钙 30~40kg，氯化钾 7. 5~10. 0kg，有机肥不足的可用复合肥或碳铵补足；施用方法，可进行小行劈沟条施，也可利用小铲掘塘穴施。第 2 次花铃肥宜选用无机肥，施用时间掌握在 7 月20—25 日，施用数量宜重，一般每亩施尿素 15~20kg，施用方法，提倡株间穴施。

③适时打顶。打顶时间应根据气候、地力、密度、长势等因素而定。一般雨水少、肥力低、密度高、长势差的应适当提早打顶；反之，雨水多、肥力高、密度低、长势好的要适当推迟打顶。长江流域棉区常年打顶时间应掌握在 7 月底至 8 月初进行，最迟不要超过“立秋”。打顶时提倡打小顶，一般以一叶一心为标准。

④化学封顶。为简化打边心、抹赘芽等工序，防止顶部果枝伸展过长，影响中下部通风透光，在打顶后 7~10d 每亩用 25%助壮素 10~12mL 进行化学封顶，可达到较好效果。

⑤施盖顶肥。为确保棉苗能过 8 月，充分发挥顶部结铃优势，实现秋桃盖顶，要普施盖顶肥。施用时间一般在 8 月 5 日至 10 日，施用数量掌握在每亩 7. 5~10. 0kg 尿素。对上部叶片较小，叶色淡，中、下部坐桃较多的田块应适当多施；反之，则可适当少施。

⑥增施长桃肥。为增加上部结铃，提高铃重，要看苗施好长桃肥。施用对象为上部果枝拉得出，幼铃多，蕾数足，产量潜力较大的田块。施用时间一般为 8 月 20 日前后，施用数量掌握在 5.0~7.5kg 尿素。

⑦防治虫害。主治三、四代棉铃虫，兼治盲椿象、红铃虫、红蜘蛛和伏蚜等害虫。要坚持做到测准打狠，采取“治虫不见虫，打在卵高峰，七天打两头，全程药控棉铃虫”。在药种选用上，宜选用快杀灵 2 号、灭害神、辉丰等复配农药，并做到交替用药，提高防治效果。只要棉铃虫防治好了，其他害虫也就得到了兼治。

⑧抗灾应变。花铃期台风、暴雨、干旱等灾害性天气常年多有发生，要立足抗灾，及时应变。如遇台风暴雨袭击，棉苗发生倒伏，要切实做到“三个突击”，即：突击排水降渍，做到雨停田干；突击扶苗，台风过后 1~2d 内扶起；突击补肥，促进棉苗恢复生长。遇持续高温伏旱时，要及时抗旱，以水调肥，确保棉苗正常生长。一般当棉苗花位上升加快，上部果枝生长量变小，叶片无光泽，中午萎蔫时，应立即抗旱。抗旱方法以采用傍晚沟灌为宜，灌跑马水，于第 2 天早上排除，反对大水漫灌，防止造成棉铃大量生理性脱落。

（3）吐絮阶段。

①时间。8 月中旬至 11 月下旬。主攻目标：增加铃重，提高品质，收清拾净。生育指标：单株晚秋桃 4~5 个，每亩总桃 7 万~8.5 万个，8 月中旬进入吐絮期，霜前花比例达到 85%以上。

②采摘黄铃。常年 8 月中旬至 9 月中旬，多遇连续阴雨天气，影响植株中下部棉铃正常吐絮。为减少烂铃损失，做到丰产丰收，要及时采摘黄铃。当铃壳发黄，并出现裂缝或病斑时即可摘下。要求隔天采摘一次，并注意及时晾晒和剥去铃壳，防止霉烂变质，影响产量和品质。

③防病治虫。后期病虫害防治以红叶茎枯病、棉铃虫、盲椿象、红铃虫为主。对缺钾严重，棉苗长势较弱，有明显急性早衰迹象的田块，要及时喷施浓度为 0.2%~0.5%的磷酸二氢钾，并用浓度为 1%的尿素连续喷施 2~3 次，以延长叶片功能期，促进铃重提高。治

虫要坚持到9月中旬末，用药与花铃期相同，以有效控制虫害和压低越冬基数。

④收清拾净。拾花工作延续时间很长，为提高棉花质量和品级，必须分次进行采摘，并做到“四快”：即快收、快晒、快拣、快售；“四分”：即按品级分收、分晒、分藏、分售；“三找六净”：找落地花、找僵瓣花、找眼屎花，田里净、杆上净、壳里净、路边净、场头净、仓库净。力争朵絮归仓，确保丰产丰收。减少“三丝”污染。

三、黄淮平原移栽地膜棉栽培技术规程

（一）目标产量和产量构成

1. 目标产量

现有生产生态条件下，皮棉每亩产100~125kg，霜前花率80%以上，小麦产量250~300kg/亩。

2. 产量结构指标

移栽地膜棉的收获密度在3 000~3 500株/亩，单株果枝14~15台，单株成铃18~20个，成铃6万~6.5万个/亩，单铃重4g以上，衣分38%~40%；达到以上目标，要求三桃齐结，以伏桃为主体，以早秋桃作为补充，三桃合适比例为1∶7∶2。小麦产量构成：10月底前播种，基本苗20万~25万/亩，有效穗数27万~30万/亩，每穗粒数31~34粒，千粒重45~47g。

3. 生长发育指标

(1) 生育进程。3月下旬开始配肥土制钵（晒干过筛有机肥与土的比例为3∶7或使用苗床专用肥），4月上旬趁晴天足墒播种，拱棚育苗，当棉苗达二叶一心或三叶时，于4月底5月初，足墒移栽，并覆盖地膜；6月上旬现蕾，7月上旬开花，8月下旬或9月上旬吐絮。

(2) 生育动态。小麦收获后（6月上旬），株高45~50cm，真叶8~9片，见蕾为早发。

7月15日：株高81~82cm，日增量2.6~2.7cm，叶面积系数

1.7~1.8，单株干物重 49.5g，单株成铃 1~2 个。

8 月 15 日：株高 95~105cm，日增量 1.7~1.8cm，叶面积系数 3.6~4，单株干物重 170.3g，单株成铃 12.6~14 个。

9 月 10 日：单株成铃 18~20 个，吐絮 1~2 个。

（二）栽培管理技术规程

1. 调整作物种植布局，改进配置方式

（1）麦套春棉规范配置方式。适当扩大带宽，采用配置方式为 4-2 式和 3-2 式，垄作，局低垄种植。其标准是：4-2 式中等地力带宽 160cm，种 4 行小麦占地宽 60cm，预留棉行宽 100cm［图 9-1 式（一）］；高肥水地力带宽 170cm，种 4 行小麦占地宽 60cm，预留棉行宽 110cm［图 9-1 式（二）］。3-2 式中等地力带宽 150cm，种 3 行小麦占地宽 40cm，预留棉行宽 110cm［图 9-2 式（一）］；高肥水地力带宽 160cm，种 3 行小麦占地宽 40cm，预留棉行宽 120cm［图 9-2 式（二）］。采用上述两种配置方式，小麦收获后棉花呈宽窄行配置，平均行距 75~85cm，其中棉花窄行行距不小于 50cm，宽行宽 100cm。宽窄行配置有利于移栽和地膜覆膜等田间管理，同时能充分发挥移栽地膜棉增加温度促早发，有利于建立棉花大中等个体的大群体结构，夺高产。

（2）推广垄作的优点。垄作是指地面高垄低畦相间排列的一种田间结构配置方式。推行垄作，小麦播在垄下，棉花播在垄上。垄作的优点，一是作垄高 15~20cm 即可降低小麦高度 15~20cm，与平作比较，增加共生期间棉行太阳直达辐射和光照时间，有利于棉行获得较多的热量，提高地温。二是便于灌水，由于麦棉共生期长达 40~50d，进入共生期小麦处于生长季节的中后期，需水量大，一般需要灌水 2~3 次，而棉花处于生长的前期，需水量少。与不作垄的平作相比，垄作便于灌水，灌水面积减少 50%，节水 30%。采取低畦灌水，“浇麦洇花”，一水两用，节约用水。

（3）垄作具体操作。整地后按选择的配置方式带宽作垄，例如 4-2 式 160cm 一带，要求作垄高不低于 15cm，沟底宽 4-2 式不小于 60cm，3-2 式不小于 40cm。作垄方法有 2 种，一是整地后按麦棉带

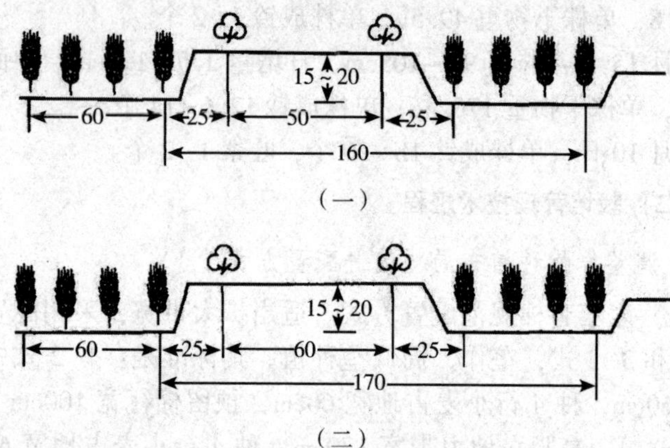

图 9-1　4-2 式麦棉两熟配置示意图（单位：cm）

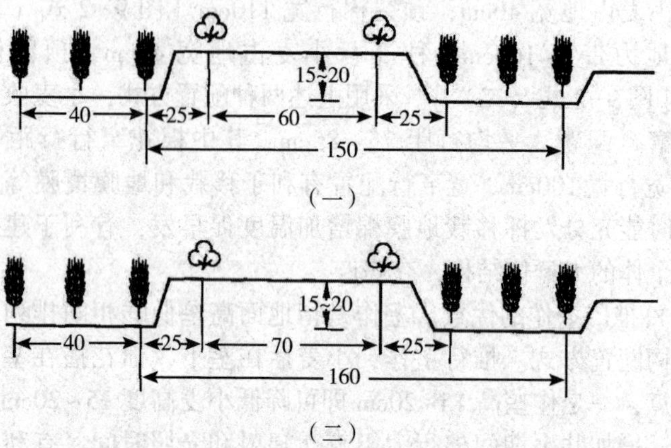

图 9-2　3-2 式麦棉两熟配置示意图（单位：cm）

宽，壁犁来回两次冲沟，再人工扶平畦面，然后播种。播 4 行小麦，一幅小麦可一次作业完成。二是采用农机具作垄高产低垄起垄刮畦播种机（国家专利号 ZL98206082. 3，专利持有机构：中国农业科学院棉花研究所）可以实现一次性作业。该机具动力为 11. 9 ~ 13. 4kW 拖拉机，1h 作垄播种 0. 4 ~ 0. 5hm²，效率高；作垄和小麦播种作业一次性完成，质量好，成本低；且组合带宽、小麦行数和行距均可根据需要调整，灵活性好。

（4）行向的选择。麦棉套种行向十分重要。种植共生期棉行几乎无太阳直达辐射，而东西行向种植预留棉行则有直达辐射。因此，提倡东西行向种植。

2. 选择适宜的麦棉配套品种

为了减少麦棉共生期小麦对棉花的影响和充分发挥移栽地膜棉的增产潜力及优势，小麦品种应选用优质、抗病、抗倒、矮秆、晚播早熟和叶片上举的品种。如中育5号、新麦9号、豫麦18、周麦9号（矮早781）、衡4041等，棉花选用高产、抗病、优质、苗期长势旺、后期不早衰的中熟或中早熟品种，常规品种如中棉所35、豫棉15. SGK 321等，杂交棉组合如中棉所29、中棉所38、中棉所39、鲁研棉15和皖杂40等。

3. 适时育苗

育苗是移栽地膜棉和育苗移栽棉的主要环节，培育壮苗是高产的基础。

（1）床址的选择与建立。苗床一般选择在背风向阳、水源方便、地势平坦、无枯黄萎病、无盐碱的地方，苗床宽度视塑料薄膜的宽度而定，一般宽为1. 3m，长10~13m，深17~20cm；对预留苗床地进行冬春耕翻，使之熟化，捡出石渣、草根等杂物并施肥。

（2）培肥床土。肥沃的床土是培育壮苗的物质基础，施肥数量为每18~20m^2 苗床施优质农家肥200~300kg，腐熟人畜粪水200kg，浅翻混匀成床土。3月下旬开始制钵，施苗床专用肥或每亩苗床施过磷酸钙10~15kg，硫铵2. 5~5. 0kg，与肥土充分混匀后制钵。

（3）营养钵的选择。在肥土的基础上采用中钵制钵，因为营养钵体积的大小对苗床棉苗根系发育影响很大，随着钵体直径增大，根系生长量逐渐增加，侧根长度增加，侧、支根数增多，根系干重增加，促进地上部生长，主茎粗，展开叶数增加，叶面积增大，幼苗健壮，所以营养钵以直径6. 5~6. 8cm、高8. 5~10cm为佳。

（4）种子处理。播前晒种是打破棉种休眠提高棉种发芽率和发芽势的有效办法，一般在下种前15d左右选晴天将棉种摊在木板和芦席上暴晒3~5d，晒种时间不应少于30h或多于50h，每天翻3~5

次以保证晒匀晒透，晒种时剔除棉种中的破碎和混在其中的光籽、绿籽、多毛籽、大白籽和畸形籽。

（5）适期播种。3 月下旬或 4 月上旬趁晴天下种，播种的前一天将苗床浸透；为了缩短棉种在土壤的停留时间，应进行浸种，使棉种处在萌动状态，采用“三开一凉”温水浸种，浸种时间为 12~14h，棉种应达到种皮软化，子叶分层；为防止枯黄萎病和苗病，浸种时加入有效成分0.3%的多菌灵胶悬剂；下种的最佳时间为上午 10 时到下午 2 时，随下种随覆土，随插竹竿成拱形棚，拱高 40~45cm，覆土厚度一般为 1.5~2.0cm，覆土后为防治苗蚜、地老虎等害虫，苗床上部撒一些毒土或毒麸子；苗床盖塑料布时应拉紧压实，同时在拱棚的上部用绳子固定好塑料布，防大风揭膜；在苗床的四周开深 0.2~0.3m、宽 0.3~0.4m 的排水沟，以便排水。

（6）加强苗床管理。加强苗床管理是培育壮苗的关键，培育壮苗主要是调温控温，播种出苗阶段，应掌握“高温齐苗”的原则，温度控制在 40~45℃为宜，因较高温度有利于棉籽发芽出苗，有利于成熟度不一致的棉籽整齐发芽出苗，因此出苗前不必动膜，待出齐苗后可根据苗情通风；全苗至一叶期，应掌握“适温长叶”的原则，床温控制在 25~30℃为宜，晴天应揭开两端通风降温，傍晚再封口保温；一叶至二叶期，应掌握“降温促发”的原则，床温控制在 18~20℃为宜，晴天开口处由两头扩大到两侧，早揭晚盖，因二叶期前正是腋芽分化为果枝芽的临界叶龄，如这一阶段温度过高，超过 30℃则不利于花芽的形成，推迟现蕾，并促使果枝节位提高；过了二叶期，气温稳定在 18℃后，可逐步炼苗，使幼苗逐渐适应自然环境条件。苗床揭膜前一般不需浇水，揭去薄膜后，自然温度高，加上春季干燥多风，蒸发较快，要注意苗床及时浇水，防止缺水老苗，当苗茎呈紫红色发暗无光泽，表明棉苗缺水，要立即浇水，一次浇足，钵体湿透为适量；移栽前进行苗床喷药，防治蚜虫和红蜘蛛，同时使棉苗带药进入大田。

4. 精细整地，施足底肥；适时移栽，提高移栽质量

于当年的 3 月下旬至 4 月在预留棉行施入优质农家肥 3 000~

4 000 kg，翻入耕层，在移栽前 7~10d，施入氮肥总量的 50%~60%，磷钾肥的全部，再浅翻，打碎土块，平整地面，等候移栽。移栽地膜棉的最佳时期为 5 月上旬，最迟不得超过 5 月 15 日，移栽时二叶一心或三叶；提高移栽质量有利于缩短缓苗期，促壮苗早发，移栽时首先按计划密度确定移栽株距，栽足钵数，确保密度，其次是栽好苗，埋深一般要超过钵面 1.5~2cm。

5. 地膜选择、覆膜与揭膜

（1）地膜选择。一般选膜厚 0.006~0.008mm，膜宽根据预留棉行宽度确定，宽窄行配置方式可选 80~90cm 的地膜，每亩地用膜 2.5~3kg。

（2）覆膜。若先覆膜后移栽，可用覆膜机具，也可人工覆盖，人工覆膜一般 3 人一组，边覆盖边用土压实膜两侧；若先移栽后覆膜，随移栽随在地膜上掏孔覆盖地膜，防伤苗，用土压实放苗孔，以防杂草生长，提高地温和减少水分蒸发。盖膜时注意拉紧、压实、盖严，防止大风揭膜和杂草生长，充分发挥地膜的增温保墒作用。

（3）揭膜。一般在 6 月底至 7 月初进行揭膜，揭膜时应拾净残膜，收废利旧，减少棉田白色污染。揭膜后及时中耕除草培土，防治病虫害。

6. 合理施肥

根据土壤有效养分含量，增施有机肥，经济施用氮磷肥，强调施用钾肥，补充硼锌微肥，实行麦棉两熟周年平衡施肥。由于种植制度的改革，土壤地力周年消耗大，土壤矿物质营养元素摄取较多，肥料投入不足，棉田土壤养分元素大多呈下降趋势，并出现新的不平衡，对麦棉两熟持续生产带来了严重的不良影响。根据麦棉两熟生产发展对营养的需求，毛树春等研究提出“增施有机肥，经济施用氮磷肥，强调施用钾肥，补施硼锌微肥”的麦棉两熟平衡施肥原则进行施肥。同时，欲使棉花高产出，必须高投入，施足底肥对促进棉花高产更为重要。移栽地膜棉的施肥量比育苗移栽棉一般增加 20%。中等肥力，最佳施肥量为：在施有机肥 2 000 kg/亩基础上，施纯氮（N）：15.9kg/亩（相当于每亩施尿素 34.6kg），磷（P_2O_5）

和钾（K_2O）均为7.95kg/亩（相当于每亩施过磷酸钙66.3kg，硫酸钾15.9kg），同时增施1~2kg/亩的硼锌微肥，这样才能满足棉花高产的需要。有机肥、磷钾肥和硼锌微肥作基肥于移栽前一次施入，氮肥一半做基肥施，一半做追肥于初花期和花铃期施入。为了充分发挥移栽地膜棉的增产优势，做到早发不早衰，应加强移栽地膜棉的中后期管理，进行根外施肥，于8月下旬和9月上旬叶面喷施液肥、磷酸二氢钾和尿素，每亩液肥用量50mL，每12.5kg水加磷酸二氢钾50g和尿素150g，每7d喷1次，连喷3次。

7. 合理密植

移栽地膜棉前期发育快，个体大，单株生产力高，同等条件下适宜密度比移栽棉可减少5%~10%，适宜密度常规棉花品种3 000~3 500株/亩，杂交棉花品种2 500~3 000株/亩。

8. 看苗化调，塑造理想株型

根据移栽地膜棉生长发育特点，实施看苗化调，塑造理想合理的高产株型，协调营养生长和生殖生长，防止旺长，减少脱落，提高产量和纤维品质，分别于苗期、蕾期、初花期至盛花期、铃期喷施助壮素4~5次，每次用量折合缩节胺原粉分别为0.5~1.0g/亩、1.0~1.5g/亩、2~3g/亩、4g/亩和5~6g/亩。苗期、蕾期、初花期至盛花期、铃期的用药液量每亩分别为15kg、30kg、40kg和40kg。

9. 病虫害综合防治

移栽地膜棉前延后伸，多数病虫害呈早发、重发趋势，故要加强预测预报工作，建立病虫测报队伍，推广统防统治，成片连防灯光、性诱剂诱杀防治；科学用药，磷制剂与菊酯类和氨基甲酸酯类农药轮换交替使用，合理混合使用，喷足药液，提高防治效果，降低成本。

（1）二代棉铃虫防治。以保顶为主，对生长点的危害控制在3%以内，三、四代棉铃虫以保蕾铃为主，对蕾铃的危害控制在10%以内。药剂防治应以对天敌较安全的选择性农药Bt（苏云金芽孢杆菌制剂500mL/亩）、NPV（核多角病毒制剂40g/亩）、拉维因（75%粉剂 3 000 倍液）、菊酯类农药如高效氯氰菊酯、三氟氯氰菊酯等为主喷雾防治，防治二代棉铃虫药液量不少于 30kg/亩，要做到“点点画圆”。

（2）棉叶螨的防治。棉叶螨 1 年发生 18~20 代，从苗期到吐絮期均造成危害，可采用螺螨酯喷雾进行化学防治。

10. 适时摘花与拔柴，有效减少“三丝”污染

（1）适时收摘。移栽地膜棉一般在 8 月底至 9 月初吐絮，应适时收摘吐絮花和采摘黄熟铃，在阳光下曝晒，提高纤维品质。

（2）适时拔柴腾地。以≥15℃气温终止日为适宜拔柴期，一般在霜降后拔柴，但不应迟于 10 月 15—20 日。由于农时繁忙，套作小麦要比适时小麦（玉米、大豆茬口）推迟播种 10~15 日，播种量应适当增加，立足抢播，晚中求早，实现麦棉两熟周年高产高效。

第二节　麦棉两熟生产技术

一、备播期

（一）备好棉种

播前应精选种子并进行种子处理。大力提倡包衣种子。育苗移栽每公顷用种量 22.5kg，大田地膜覆盖用种量 60~75kg。

（二）整地施肥

造墒播前 1 个月预留棉整地松土保墒，每公顷施优质农家肥30~45m^3，施尿素 210kg，过磷酸钙 750kg，硫酸钾 210kg，硼砂 15kg 和硫酸锌肥 30kg，施后深翻平地。

二、播种出苗期

大田直播覆盖播种，当预留棉行 5cm 地温稳定通过 14℃ 即可开沟穴播，此时在 4 月下旬。应于 4 月上旬浇水。播种深 3.0~3.5cm，每穴播种 4~5 粒。边盖边播，地膜宽 80~90cm，一膜盖双行，覆盖

度50%以上。

三、苗期管理

（一）育苗适时移栽

以5月上旬为移栽适期，栽前或栽后必须灌水，“浇麦洇花”，一水两用。栽前冲沟，确保移栽密度，把好株距是其关键。当平均行距75cm时，移栽株距等于22cm，每公顷60 000株；若株距大于22cm，每公顷密度则少于60 000株。倘能采用移栽后结合地膜覆盖，更有利于增温促进棉苗早发。

（二）地膜覆盖棉花苗期管理

出苗后打孔放苗，并用湿土堵孔，齐苗后应及时疏苗补苗，第一次疏苗每穴留2株，待第2~3片真叶定苗。

苗期管理重点的一是浇水，干旱年份一般浇2~3水，否则棉苗受旱易形成老小苗，移栽后不返青，严重干旱死苗时有发生。所以套种棉花共生期能否全苗壮苗早苗关键是水，以水调肥，移栽棉浇水后中耕对保墒提温效果显著。二是防治病虫害尤其是地老虎为害。三是麦收后快中耕灭茬，促进棉株快长稳长。

四、蕾期管理

（一）抗旱促稳长壮棵

提倡隔行沟灌，每公顷灌水量不少于450m^3，节约用水，扩大灌溉面积。以水调肥，肥水结合。

（二）防治蕾期虫害

移栽棉和地膜棉发育早，要早测报，早查虫，早防治，提倡大面积诱杀成虫。按防治标准，重点防治二代棉铃虫，以保生长点为原则。干旱年份尤需注意防治棉蚜和棉叶螨。

（三）看苗使用生长调节剂

常年气候条件下，盛蕾期每公顷用缩节胺原粉12~15g兑水20L均匀喷洒，气候干旱和弱苗时可不用。

五、花铃期管理

(一) 重施花铃肥

总氮量的50%即每公顷210kg尿素在花铃期1次或分2次施用。砂性土保肥供肥能力弱，宜分两次施用。初花期施总量的20%，即每公顷施74.8kg，盛花期（下部果枝坐2个成铃）施总量的30%，即每公顷施126kg。保肥供肥能力强的其他各类棉田，初花之后追施总量的50%，即每公顷210kg。提倡深沟施用。施肥后若遇天气干旱应及时浇水，以水调肥。

(二) 灌溉和排水

棉花进入花铃期耗水倍增，0.5m水层相对含水量低于60%，应及时灌溉。每公顷灌水量450~600m^3。雨水多时要及时疏通沟渠排水，特别是追肥后遇大暴雨，棉株发生萎蔫猝倒，开沟排明水防暗渍，促进棉株恢复生长。

(三) 看苗使用生长调节剂

缩节胺初花期看苗使用，使用浓度同盛蕾期。盛花期提倡普遍使用。打顶后上部果枝出生2~3个蕾时，每公顷用缩节胺37.5~45g，加水600~900L均匀喷洒。若棉株生长旺盛，可再喷一次。

(四) 适时打顶去边心

一般要求7月20日前后打完顶，要强调打“旺顶”，做到小打轻打（只去一叶一心），打顶后及时去赘芽，8月上中旬依次去掉中下部和中上部果枝边心。

(五) 培土

封行前中耕松土，结合施肥培土固根防倒伏。

六、吐絮期

吐絮期（8月下旬至9月中旬）主攻养根保叶，防贪青晚熟，增铃重，促早熟。从8月下旬开始每隔一周根外喷施300~400倍液的磷酸二氢钾，连喷3~4次，防早衰，增铃重。及时采摘黄熟铃并晒干。

重点防治四代棉铃虫，多雨年份防治造桥虫。

七、棉茬晚播小麦播种和管理

播种期在10月下旬至11月初，主攻足墒足肥足量下种，一播全苗。

第三节　棉花“密矮早”生产技术

一、播种技术

（一）播前准备

1. 土地准备

棉田要求土层深厚、地势平坦、肥力中等以上，前茬为小麦、玉米、油菜、豆类等作物的壤土、沙壤土为宜。连作3年以上的棉田和病虫害严重的地不宜种棉花，必须轮作倒茬。

（1）施足基肥。播前全层施肥是棉花丰产的一项重要措施。每公顷用优质厩肥30~45t，或用纯羊粪15t，或用豆饼1 500kg，再加化肥（总肥量70%的五氧化二磷、40%的纯氮），利用改装犁地施肥机，秋冬时混合深施。或耕地时，先用24行条播机将肥料均匀施在表土层内，然后深翻。绿肥茬口可不施农家肥，在翻耕绿肥的同时，施入化肥。

（2）秋耕冬灌。秋季深翻冬灌，压碱蓄墒，提高地温，春季耙耱保墒，整地待播。耕深20~25cm，翻垡均匀。耕后用刨式平地机平地，为开沟或作畦、贮水灌溉创造好条件。

（3）灌水。播前灌水秋冬灌和春灌，以秋冬灌为主（约占翌年棉田面积的70%）。大力推广立茬灌，每公顷灌水量1 200~1 500m^3，灌匀灌透。春灌要早，水量要少，以免延误播期。

（4）整地。按墒播前整地。整地要求达到“六字标准”。要达到“六字”标准，最关键的有2条：一是整地要适时，特别是黏性土壤，要严格把握好宜耕期，切忌偏干偏湿。二是整地要复式作业，视土质选择配套农具、耙、镇压器、耘锄齐全。

在整地的同时，喷洒氟乐灵除草剂，每公顷 1 200~1 500g。初整地一遍后，边喷药边耙地，耙深 4~6cm，使药液与土壤混合均匀，以免药液见光分解失效。以夜间作业或两台机车联合作业效果最好。

结合整地还要铲埂除蛹，清洁田园，把害虫消灭在迁移之前，减轻对棉苗的为害。

耕地、灌水、整地各项作业一环扣一环，环环紧扣配合好，为播好种创造条件。任何一项作业不符合质量标准，都会影响全苗。

2. 塑料薄膜的选用

采用宽幅 145 或 158cm，厚度 0.006~0.008mm 无色透明乙烯薄膜，用量为每公顷 75~90kg。

3. 机具准备

覆盖播种机的检修、安装、调试工作要及早动手，应于播前半个月完成待用。行距、播种量和播种深度要逐行调试，达到均匀一致。播种机要五器（划行器、整形器、限深器、镇压器、覆土器）齐全。

4. 肥料准备

按计划种植面积，每公顷准备优质厩肥 30~45t，或用纯羊粪 15t，或用豆饼 1 500kg，标准化肥 1 800~2 100kg，氮、磷比例为 1：(0.4~0.5)。

（二）覆盖播种

1. 覆盖播种方式

目前比较好的覆盖播种方式是膜下条播或点播，播种覆盖一次作业，出苗后人工开孔放苗。这种覆膜播种方式，膜内温度高，墒好，出苗好，出苗快，出苗全，为生产上普遍采用。

2. 播种期

地膜棉花播种期，在适宜之内以早为好。膜内 5cm 地温达到

14℃即可播种。

3. 播种量

每公顷用种子105~120kg，条播每米40~55粒；点播种子60~79.5kg，每穴播3~4粒。为保证播种均匀，应用双口排种。

4. 播种深度

足墒浅播。播种深度2.5~3cm，种子入湿土1~1.5cm。若表面干土层在2cm以上，必须用打埂器把干土层刮掉一部分，使种子播到湿土里。土壤湿度大的地块，则要浅播，以防烂种。

5. 带好种肥

每公顷用重过磷酸钙75~90kg，尿素45~60kg，在地头混合均匀，装入肥料箱。种子行和肥料行相距5~8cm。肥料入土深度8~10cm。种肥现拌现用，防止肥料返潮堵塞输肥管。在全层施肥中已混入化肥的棉田，可不带种肥。

6. 质量要求

覆膜平展，压膜严实，无皱褶，无漏气，遇风不揭膜。播行笔直，行距一致，播量准确，播种均匀，播深适宜，覆土良好，镇压严密，无漏播，无断条，到头到边。

（三）播后管理

（1）将膜面上多余的土扫净，使采光面宽度不少于40cm。同时将未压好的膜边压严实，防止透风降温和跑墒。

（2）地头地边漏播或标记出断条的地段，要及时补种，达到满块满苗。

（3）及早中耕，疏松土壤，消灭杂草，提高地温，保蓄水分，这是促苗早发的重要措施之一。中耕深度14~16cm，黏性板结土壤可分2次完成。

二、苗期管理技术

（一）中耕松土

中耕时间以早为好，地膜棉花播后开始中耕，裸地棉花现草中耕，现蕾前中耕 2~3 次。中耕深度 14~16cm，保护带 8~10cm。土壤板结，中耕深度不能一次到位的棉田，采取分层中耕，逐步加深。中耕质量达到行间平、松、碎。裸地棉田，在机力中耕的基础上，进行 1~2 次人工松土，促壮苗早发。

（二）放苗堵孔与查苗补种

棉苗出土 30%~50%，子叶转绿即可开孔放苗。按计划留苗密度来确保开孔的距离。条播每 9~10cm 开一个孔，每个孔放苗 2~3 株。孔口直径小于 3cm。边放苗边堵孔边补种，以免降温、跑墒和缺苗断垄。高温天气可先开孔放苗，后覆土堵孔。堵孔后膜面要保持干净，增大采光面。

（三）及时定苗

棉苗第 1 片真叶展平开始定苗，第 2 片真叶展平结束定苗。按开孔放苗要求的间距，每穴留 1 株壮苗。缺苗 20cm 处一头留双株；缺苗 30cm 处，两头留双株。尽量减少留双株，严禁一穴多株。定苗的同时培好“护脖土”。

（四）防治病虫害

棉花苗期主要病害有立枯病、角斑病等。防治措施，早中耕、深中耕、宽中耕，疏松土壤，提高地温，减少发病。

棉花苗期主要虫害有地老虎、棉黑蚜、叶跳蝉、盲椿、棉叶螨等。对于这些害虫，目前常用措施，一是播种前用辛硫磷拌种。二是播种后出苗前，根据棉田周围越冬虫情，喷药封锁地头地边。三是抓好中心株点片防治，如涂茎、滴心。四是棉田周围放糖浆盘诱杀成虫。五是害虫为害达到防治指标及时喷药。

三、蕾期管理技术

（一）中耕松土

棉花蕾期中耕松土是实现稳长增蕾的重要措施。蕾期中耕 1~2 次，深度 16~18cm。质量要求与苗期中耕相同。此外再进行 1~2 次人工除草，达到田间无杂草。

（二）化学调控

采用缩节胺拌种的地块，6 片真叶以前一般不需化控。6~7 片真叶时，生长正常的田块每公顷用 15~30g 缩节胺，旺苗每公顷用 30~45g 缩节胺化控一次，弱苗不需化控。之后根据长势，蕾期可用 30~45g/hm^2。

（三）施肥灌溉

正常情况下，蕾期不灌水，推迟第 1 水的时间，适当蹲苗，促根下扎，也不追肥。采取中耕措施保墒，使棉株稳健生长，不旺不衰。只有肥力不足、墒差、棉株长势弱的棉田，才适当提前灌水，灌水前 1 天追肥，灌水后及时中耕保墒，促进生长。

（四）防治虫害

棉花蕾期主要害虫有棉叶螨、蚜虫、棉铃虫等。应加强虫情调查，预测预报，及时发现中心株，做好标记，采取抹、摘、拔、涂、滴等办法点片防治。保护天敌，控制虫害扩散蔓延。涂茎可用 10% 扑虱蚜可湿性粉剂。

四、花铃期管理

（一）重施花铃肥

第 1 次水灌溉的地区，花铃肥前重后轻，即在第 1 次水前追肥用总肥量 20%的五氧化二磷、30%的氮，第 2 次水前追肥用总肥量 20%的氮。施肥方法以条施为好，结合灌水前开沟进行，施肥深度 10~15cm。

后期应进行 2~3 次根外喷肥，防止脱肥早衰。每公顷用磷二氢钾 2. 25~3kg，尿素 3~3. 75kg，加水 600~750L，结合化调或治虫均匀喷洒在叶片上。晴天下午或傍晚喷肥效果最佳。

（二）适时灌水

灌第 1 次水的时间至关重要。底墒足、棉株生长发育正常的棉田，见花灌第 1 次水较为适宜，时间在 6 月下旬至 7 月初。但是，大面积生产中，不可能全部见花灌第 1 次水，必然是部分棉田偏早，部分棉田偏晚，这就必须因地因苗掌握好各棉田的灌水顺序，尽量做到适时灌水。灌第 1 次水后，棉株营养生长出现高峰，上层根系迅速发展，茎、枝、叶也迅速生长，形成了一个较好的营养体，这时如果缺水，棉株更容易受旱。因此，第 1 次水后，除及时中耕松土保墒外，还要灌好第 2、第 3 次水。各灌水间隔时间是15~20d。第 1 次水与第 2 次的衔接尤为关键，宁可第 1 次水晚，不可第 2 次水迟。停水时间正常年份在 8 月 15—20 日前后比较适宜。全生育期灌水 3~4 次，每公顷灌溉量 3 900~4 200m^3。灌水方法采用浅宽毛渠，短间距，开沟灌，杜绝以埂代渠，高埂淹灌，提倡倒灌，防止串灌。做到灌匀灌透，高不旱低不淹，灌后整块棉田棉株生长均匀一致。

（三）中耕除草

中耕是提高棉田保墒抗旱能力、增强土壤通透性、促进根系生长、防止早衰的措施。灌第一次水后必须及时中耕，严禁以水代耕；灌第 2 次水后机车能进田还要求中耕，中耕深度 10~12cm，中耕质量同蕾期。

（四）打顶整枝

打顶的关键在于掌握好时间和方法。为了避免上部果枝伸得过长或赘芽发生过多，最好在停水后人能进地时打顶，或者打顶后 3~5d 再灌水。

密度大、长势过旺、封行早、田间郁蔽的棉田，8 月上旬开始打群尖、老叶，改善棉田通风透光条件，防止烂铃，减少脱落，促进早吐絮。

（五）化学调控

一般是在灌第 1 次水前每公顷用矮壮素 45~60g，灌第 2 次水前每公顷用缩节胺 60~75g，于灌水前 3d 用机器喷洒。打顶后每公顷用缩节胺 75~90g，飞机喷洒，控制群尖生长。化学调控一定要因棉株长势制宜，切忌随意调换时间和加大用量。灌第 1 次水偏晚、植株矮小的棉田不必化调。

（六）防治虫害

与蕾期基本相同。对棉铃虫防治，在做好秋耕冬灌降低虫源的基础上，采取种植玉米诱集带、性诱剂或杨树把诱杀防治。

（七）揭膜

地膜的增温效应效果持续到 6 月底或 7 月初。为了减少地膜对土壤污染，有利于棉田中后期水分渗透均匀，充分发挥肥效，灌第 1 次水前必须揭膜。揭膜应与灌水紧密配合，揭膜后 3~5d 必须灌水，否则，棉株会受旱。

五、吐絮期管理技术

除净杂草，既便于收花，也减少翌年田间杂草。适时采收，不收生花，棉铃开裂后 7d 采收较适宜。坚持“五分”。霜前一级花留种。种子花应单收、单轧、单贮，保证种子纯度。收花后尽早腾地，及时秋耕冬灌。

第四节　麦、玉米、棉三元高产栽培技术

麦、玉米、棉三元结构对肥水的需求量大，要求土壤有机质含量 15g/kg 以上，全氮 8g/kg 以上，速效磷 60mg/kg，速效钾 80mg/kg。土质以轻壤土为好，土层深厚。

一、周年作物目标产量

小麦产量 160~200kg/亩，玉米产量 140~200kg/亩，皮棉产量 90~110kg/亩。

二、作物产量构成

（一）小麦产量构成

棉行宽行内套种小麦，麦幅占厢宽 35%，播种量 5kg/亩，基本苗数 10 万/亩，有效成穗 18 万/亩，千粒重 40g 以上，每穗实粒数

25~30 粒。

(二) 玉米产量构成

预留棉行隔行套栽早熟玉米 1 行，移栽密度 800~1 000 株/亩，个体发育较好；玉米 2 月中下旬至 3 月中旬播种，4 月上中旬移栽。株高 170~180cm，授粉去雄穗后，株高控制在 150cm 以下，单株成穗一个，穗粗 4.7~4.9cm，穗长 18.5~21cm，穗行数 14~18 行，每行粒数 38~45 粒，千粒重 380~400g，双穗率占 5%。

(三) 棉花产量构成

麦幅两侧各栽棉花 1 行，移栽密度 2 500 株/亩，单株成铃 25~27 个，其中：伏前桃 1~2 个，伏桃 12~15 个，秋桃 8~10 个，成铃 65 000 个/亩，单铃重 4g 以上，衣分 40%左右。现蕾期 5 月底至 6 月初，开花期 7 月初，吐絮期 8 月中下旬。

三、选择适宜的作物品种

小麦品种一般选用高产、抗病的中熟品种，熟期宜控制在 5 月底至 6 月初收获。前茬作物若种植大麦，可选择饲料大麦或啤酒大麦，如鄂大麦 7 号、西引 2 号等。

玉米品种根据棉田三元套种栽培的特点，可选择早、中熟玉米品种，生育期 100~125d，如西玉 3 号、掖单 13、掖单 51 等高产杂交种，适应性强，丰产性好。城郊棉区可选择甜玉米、糯玉米套种，收青棒上市，如甜玉 2 号等。

棉花品种可选择中熟、高产、抗病品种或杂交棉，生育期 130d 左右，如鄂抗棉 5 号、鄂抗棉 9 号和鄂杂棉 1 号等品种。

四、周年作物茬口安排和田间结构配置

茬口安排：小麦 10 月下旬播种，翌年 5 月底收获，播幅占厢宽 35%；玉米套种小麦田于 2 月中旬至 3 月上中旬播种，保温营养钵育苗，4 月上中旬移栽，6 月底至 7 月上旬收获；棉花与玉米间作于 3 月下旬至 4 月初播种、4 月底至 5 月初移栽，8 月下旬收花，11 月中旬拔柴。

田间结构配置。厢宽 150cm，小麦幅宽 50cm，沟（底）宽 30cm，沟深 20~25cm（沟底宽和深，后同），预留棉行两幅，幅宽 30cm，棉花窄行 70cm，宽行 80cm，株距 30~40cm，沟边种玉米 1 行，株距 50cm 左右。

五、玉米高产栽培技术

（一）玉米育苗移栽

营养钵（盘）育苗与移栽。育苗移栽有利于解决棉田多熟的茬口矛盾，有利于玉米一播全苗和培育早壮苗，节约用种量。

（二）玉米栽后管理

1. 施肥和灌排

玉米栽后 3~5d 发出新根，苗活棵，施提苗肥尿素 4~5kg/亩；进入大喇叭口期，点施穗肥尿素 5kg/亩。玉米抽雄至蜡熟期需水量占总水量的 40%~50%，土壤应保持田间最大持水量的 70%~80%，有利于开花受精和籽粒成熟。若遇干旱缺水要及时浇足拔节水和穗水，防止卡脖旱，雌雄发育受阻。乳熟期遇降水过多的地方，要求排除渍水。

2. 化学和人工调节玉米高度

玉米是一种高秆作物，在肥水充足的条件下，株高可达 2m 以上，与棉花套种后，对棉花苗、蕾期生长有一定影响，玉米密度越大，播种越迟，对棉花影响越大。为了控制玉米的株高，在玉米小喇叭口期至大喇叭口期，每亩用缩节胺 5~8g 加水 30kg 快速叶面喷雾。雄穗即将抽穗前，每亩用缩节胺 10~12g 加水 30kg 叶面喷雾，可有效控制玉米株高在 1.5~1.7m。

玉米人工辅助授粉增加结实。当授粉至 95%雌穗花丝变紫黑色后，雌穗以上留 3~4 片叶，用镰刀割掉茎秆顶端和打除下部老叶并带出田外，既可增加棉田通风透光，促进棉花蕾期正常生长，又不影响玉米后期正常成熟，并可控制第二代棉铃虫的基数和玉米螟的为害。

3. 防治病虫害

后期注意防治玉米病虫，如大、小叶斑病虫、锈病、黑粉病和玉米螟等。

4. 及时收获清茬

当雄花开、雌花吐丝时，进行辅助人工授粉，每隔 1~2d 1 次，提高雌穗结实。6 月底至 7 月初，玉米籽粒成熟达到九成时，及时收获玉米，晒干和割去玉米秆。

六、棉花中后期管理

(一) 棉花前期播种、育苗、移栽和苗期管理

与常规栽培相同。当 6 月底至 7 月初玉米收获后，正值棉花盛蕾期，应着重抓好棉花中后期施肥、中耕培土、化学调控和病虫害的管理。

(二) 科学追肥

棉花现蕾后要及早补施蕾肥，每亩施尿素 8kg，补施钾肥 10kg，并整行中耕培土，促进棉根快速发育。棉花于 7 月中旬进入盛花初铃期，应及早施足花桃肥，一般每亩施尿素 10~15kg、钾肥 10kg，多结伏桃，结大桃；8 月上旬及时补施盖顶肥，每亩施尿素 8~10kg。

七、加强化调

棉花现蕾后，每亩用缩节胺 1.5~2g 加水 25kg 喷洒。棉花于 7 月中旬进入盛花初铃期，每亩用缩节胺 2~3g 加水 35kg 喷雾棉花中下部和旁心为主，促进营养物质向生殖生长转移。8 月上旬每亩再用缩节胺 3~5g 加水 35kg 喷雾棉花中上部，控制棉花上部果枝过长伸展，增加棉田中下部通风透光，减少烂桃。

加强棉田中后期病虫害防治，使棉花多结桃，保证棉花丰产丰收。

第十章　大　　豆

第一节　大豆绿色增产模式

大豆是我国最为重要的高蛋白粮食作物。长期以来，如何有效处理麦秸，保证大豆播种质量等成为大豆绿色增产的一道难题。

一、大豆麦茬免耕覆秸精播模式

（一）研发多功能机械

大豆麦茬免耕覆秸精播模式的核心，是采用了一种新机械，简化田间作业程序的大豆绿色增产技术集成。一些地区尝试多种传统方法进行麦茬免耕播种，但效果并不理想。大豆缺苗断垄较为严重，大豆产量低、效益差，挫伤了农民生产积极性，大豆种植面积连续多年出现下滑。经过农机、农艺专家和相关综合试验站团队的通力合作，科研人员研发出麦茬夏大豆秸秆覆盖栽培技术模式，研制出麦茬夏大豆免耕覆秸精量播种机，大豆生产走向农机农艺结合的绿色增产道路。

（二）集成大豆绿色增产技术体系

经过农机、农艺专家和相关综合试验站团队的通力合作，目前已形成了农机、农艺、配套品种有机结合、高度轻简化的麦茬免耕覆秸精量播种技术体系。一次作业完成 6 道工序，减少田间作业环节，省工省时，增产增效，实现大豆绿色增产目的。使用该技术，只需一次作业即可完成“侧向抛秸、分层施肥、精量播种、覆土镇压、封闭除草、秸秆覆盖”等六大环节，全程机械化，无须灭茬，省去动土、间苗等，大幅度减少人力、物力与机械消耗，降低生产成本，提高大豆种植效益。

（三）免耕覆秸精量播种模式的多种优势

1. 降低种床硬度

据调查，免耕覆秸精量播种的播种带土壤硬度为 2.9kg/cm^2，行间土壤硬度为 13.7kg/cm^2，较传统播种机播种方式的土壤硬度值明显降低，对播种带和种植行间的土壤都有一定的疏松作用，有利于大豆的出苗和生长发育。

2. 有利于保墒

免耕覆秸精量播种后由于秸秆均匀覆盖播种苗带，土壤湿度日变化较小，利于大豆出苗及生长发育。而常规机械播种和人工小耧播种由于播种苗带覆盖不严，土壤湿度变化较大。

3. 显著提高大豆播种匀度

免耕覆秸精量播种的植株比较均匀分布，没有拥挤苗，单粒合格指数高，重播指数和漏播指数较低。

4. 利于大豆生长、发育

免耕覆秸精量播种条件下，因大豆苗匀，其农艺性状、产量结构等方面均优于常规机械播种。

5. 有利于降低成本

免耕覆秸精量播种比常规机械播种每亩成本低 40 元以上，比人工播种每亩成本低 80 元以上。在人工间苗条件下，免耕覆秸精量播种比常规机械播种每亩成本低 130 元以上。

6. 利于增加效益

免耕覆秸精量播种亩经济效益比常规机械播种高 150 元以上。与人工间苗工序相比，免耕覆秸精量播种比常规机械播种每亩净收入高 200 元以上。

7. 施肥均匀一致，减少追肥环节

根据地力水平、目标产量，确定缓控释肥用量，大豆全生育期间不追肥，减少用工，提高肥料利用率，减少肥料使用量。

二、优质高产大豆新品种配套栽培技术集成模式

优质高产大豆新品种配套栽培技术集成，就是因地制宜选用良种，实现良种、良机、良法配套和全程优质服务。其主要技术环节如下。

（一）适时抢墒精播

“春争日，夏争时”，抢时播种并要实现一播全苗，这是夏大豆获得高产的关键。推广大豆铁茬抢时免耕机播，也可在麦收后抓紧灭茬播种，最好用旋耕、施肥、播种、镇压、喷药、覆盖秸秆一体机播种，提高播种质量，有条件的地方还可用大豆免耕覆秸播种机播种。如遇干旱，可浇水造墒播种。应根据品种特性和土壤肥力水平，结合化控技术，合理增加密度，提高大豆单产。一般亩用种量4~6kg，单粒精播可减少用种量，播种行距40cm，每亩1.6万~1.8万株，土壤瘠薄地块可增至2万株以上。

（二）加强水肥调控

播种时可结合测土配方施肥，适当增施磷、钾肥，少施氮肥。一般亩施45%的复合肥或磷酸二铵15kg左右，可使用种、肥一体机，做到播种、施肥一次完成。在大豆开花前（未封垄），每亩追施大豆专用肥或复合肥10kg左右；进入开花期遇干旱浇水，可促进开花结荚，增加单株粒数；鼓粒期注意浇水和喷洒叶面肥，浇水可防止百粒重降低，喷洒磷酸二氢钾、叶面宝等叶面肥可防植株早衰，增加粒重。

（三）合理使用除草剂

使用除草剂应严格按照说明书规定的使用范围和推荐剂量使用，避免当季造成药害或影响后茬作物生长。播后苗前封闭除草，一般每亩用50%乙草胺100~130mL，还可以使用72%都尔乳油混加3~5g 20%豆磺隆可湿性粉剂，兑水50kg地面喷洒。田间秸秆量大的地块，仅采用封闭除草往往不能达到很好的防除效果，可根据土壤情况、杂草种类和草龄大小选择除草剂进行苗后除草。防治单子叶杂草主

要有精喹禾灵、盖草能、精稳杀得等，防治双子叶杂草主要用克阔乐、氟磺胺草醚等。在大豆3片复叶期内，每亩用24%克阔乐30mL+12.5%盖草能乳油30～35mL，兑水40～50kg喷施，可同时防除单子叶和双子叶杂草。

（四）适时收获

大豆收获的最适宜时期是在完熟初期，收割机应配备大豆收获专用割台，减轻拨禾轮对植株的击打力度，减少落粒损失。正确选择、调整脱粒滚筒转速和间隙，降低籽粒破损率。机收时还应避开露水，防止籽粒黏附泥土影响商品性。

三、大豆测土配方施肥模式

大豆根部固氮菌，能够固定空气中的氮，提供自身所需2/3的氮素，氮肥的施用量一般以大豆总需肥量的1/3计算，因此大豆施肥，要考虑其需肥特点和自身的固氮能力。磷、钾肥在提高大豆产量方面作用明显，钼肥可促进大豆生长发育和根瘤的形成。因此，生产上进行测土配方施肥十分重要，开展夏大豆氮肥用量和配方施肥试验，为大豆生产提供指导。

四、大豆病虫害综合防治模式

大豆病虫草害的综合防治，是运用大豆病虫草害防治知识，针对大豆主要害虫、主要杂草等，按照绿色生产的标准，采用物理、化学、生物、农艺等措施，把土壤处理、种子处理、轮作处理、灭草处理与病虫害处理等进行综合集成，提高病虫草害综合防治成效，保护生态环境，控制各种残留，提高大豆市场竞争力，提高种植大豆的经济、社会、生态效益。

五、大豆除草剂安全施用模式

大豆除草剂安全施用模式主要是注意三大技术环节：一是因地制宜，选药准确。选择大豆苗后除草剂，精喹禾灵残效期短，对下茬作物安全，应为首选药剂。二是严格标准，科学混配药液。大豆播后苗前化学除草每亩地使用精喹禾灵200mL加水30kg。配制混配农药时，先将大豆苗后除草用的精喹禾灵按照使用说明以及用药标准倒入器具内，再把乳油农药用少许清水稀释成母液后加入器具，最后加入事先准备好的定量清水。切记不能先将器具加满水后再加入药液。其目的是为了防止清水与药剂不能充分融和，故而造成喷施不均导致药效差。三是适时喷施，保证水量充足。大豆不可播后马上喷药，防止干旱等天气影响药效，但也不能太晚。正确的方法是：墒情好的地块在播后3~4d喷药，墒情较差的地块在出苗前4~5d时结束喷药。所以在应用苗前除草技术时，一定要注意水量充足。以农用小四轮拖拉机牵引的气喷式喷雾器为例，其容重175~200kg，配用高压喷嘴，前进速度二挡中油门，这样每罐药液可喷施6~7亩，保证亩施水量30~35kg。同时视土壤墒情和气候条件，可随时补喷一次清水，每亩20~30kg，以提高药效。

六、大豆低损机械收获模式

国外研究显示：大豆机收总损失率是9.8%~19.3%，割台损失占80%。其中，落粒损失占55%，掉枝损失及倒伏占28%，割茬损失为17%。国内研究分析，田间作业环境条件下，掉枝及落粒损失占94%，而倒伏及割茬损失只占6%，切割器是造成掉枝及落粒损失的重要原因。

据调查，造成机械收获大豆损失量大主要有5个原因。一是土地不平整，收割机在高低不平的土地上收割，割台高度难以控制，割台上下摆动，高茬、漏割、炸荚严重。二是大豆第1、第2节结荚部位底，低于割台正常位置，漏割损失。三是拨禾轮引起炸荚损失。四是由于大豆密集生长，大豆之间的间距小，甚至缠结在一起，机收时拨禾轮要不断地把豆枝分开，拨禾轮和弹齿直接作用在大豆枝荚上，造成大豆炸荚，豆粒脱落加重，同时还由于大豆秧弹性较大，特别是植株较干的时候，更易炸荚和枝荚弹出而损失；五是大豆易倒伏，尤其是倒伏在洼坑里的大豆损失更大。主要原因是割台离地面有一定的高度。要有割茬。当大豆倒伏低于割茬或倒伏在洼坑时，收割机无法收起，造成收获损失。有时驾驶员为了减少损失，尽可能降低割茬，经常出现割台撮土现象。

针对上述问题，减少大豆机械化收获损失是一个系统工程。解决途径首先从整地播种开始，机收大豆地面要平整，播种要精细，行间距、株间距要均匀，大小行易分清；大豆苗期要稳长，调整底层结荚位高于割台低限；大豆初花期使用化控剂控制旺长，预防大豆倒伏；调整拨禾轮转速；改顺垄收割为垂直垄向收割，让拨禾轮在遇大行时拨禾，防止拨禾轮引起炸荚。

第二节　大豆绿色增产技术

大豆绿色增产技术是建立在培肥地力、合理搭配良种、高效利用肥水的基础上，实行农机农艺结合、良种良法和良机配套。

一、根据品种的农艺要求正确使用适宜的机械

种植方式一般是条播，行距 40～50cm，苗密度 15 万株/hm^2左右。夏播品种生育期 105～110d，株高 80～90cm，亚有限结荚习性，株型收敛，主茎 16～18 节，有效分枝 1.5～2.5 个，单株有效荚数 30～35 个，单株粒数 80～90 粒，单株粒重 20g 以上，百粒重 25g，丰产性与稳产性好。机械化收获要把握好以下 5 个环节。

（一）选择机械

按照所选择品种的农艺要求，采用了 2BDY－3/4 型单粒玉米、大豆精量播种机，该机行距在 40～65cm 可调，换挡调株距：1 挡对应株距 9cm，2 挡对应株距 13cm，3 挡对应株距 14cm，4 挡对应株 17cm，5 挡对应株距 20cm，6 挡对应株距 24cm。播种行选定 45cm。

（二）适期精细播种

如品种菏豆 19 号，夏播大豆时期，选择在 6 月 5—15 日，使用 Y－3/4 型单粒玉米、大豆精量播种机，行距 40cm，株距 17.5cm，播种对应挡位 4 挡出苗率 80%，系数 10%，推算用种量 32.6kg/hm^2。结合播种，施大豆专用肥。当播种地块含水量过大或过小时，要应

注意开沟器和转筒壅土阻塞。播种机下落入土时液压手柄应缓放，轻松入土。

（三）田间管理

大豆生长到 3~4 叶时即可进行杂草防治。①化学剂防治杂草，用电动喷雾器，喷雾防杂草，既节约人力，效率高，喷雾均匀，又节约药量。②机械化浅耕与锄杂草结合，利用微型履带式 3 WJ5 型田园机，进行改装上 4 排旋耕松土刀片，宽度 30cm，能在大豆行间里穿梭行驶，由于预先留有微型机田间管理通道，调头转弯时不碾压庄稼，不损坏邻地的作物。改装的微型履带式 3WJ5 型田园机效率 2.5~3.0 亩/h，相当人力锄耕的 20~25 倍，而且耕作质量高，效果好。采用此种方法，能起到松土保墒的作用，对大豆中后期生长十分有益，同时又能减少药害，缺点是比化学防控费工时。③根据防虫测报，及时防虫，条件允许时，采用机械化施药，效率高，节省药剂，防控及时，效果好。

（四）机械化收获

1. 正确调整割台，控制割台损失和籽粒损伤

在大豆的收获过程中，一般割台所造成的损失在总损失中所占的比例超过 80%。割台损失的控制主要可从以下 4 个方面调整。一是减少掉枝所造成的损失。控制方法可在喂入量允许的情况下提高行进速度，或者适当地调整拨禾轮的高度。二是减少漏割。控制方法可通过调整割茬的高低来实现。目前，种植的大豆品种最低结荚高度为 8~11cm，因此收获时的割茬以 5~7cm 为宜。三是减少炸荚损失。应调整摆环传动带的张紧度，保证割刀锋利，控制割刀间隙大小；减轻拨禾轮对豆秆、豆荚的刮碰和打击力度。根据收获的豆秆含水率，控制拨禾轮的转速。同时，还要尽量避免拨禾轮直接打击豆秆。四是轴流滚筒活动珊格凹板出口间隙的调整。该间隙分为 6 挡。即 5mm、10mm、15mm、20mm、25mm、30mm，分别由活动栅格凹板调节机构手柄固定板上 6 个螺孔定位。手柄向前调整间隙变小，向后调整间隙变大。收获大豆间隙应控制在 20~30mm。

2. 减少机体损失

一控制未脱净损失。收获大豆时，脱粒滚筒转速约 700r/min，可通过对换中间轴滚筒皮带轮与轴皮带轮实现。分离滚筒转速可控制在约 600r/min，可通过调整翻转板齿滚筒端齿链轮实现。二控制裹粮损失。当收获豆秆的水含量超过 19%时，其不易折断，不宜收获，裹粮损失大。三控制夹带损失。提高风扇的转速，调大颖壳筛开度，调高尾筛角度，减少因大豆秸秆夹带而产生的损失。

（五）适时收割，合理使用机械

正确选择脱粒滚筒转速和间隙。收获早期，滚筒转速应控制在 700r/min 左右，入口间隙一般为 20～28cm，出口间隙 8～10cm；收获晚期，脱粒滚筒转速一般应控制在 600r/min。入口间隙一般为 25～30cm，出口间隙为 8～15cm。适时收获。选择在大豆有足够硬度和强度时收获，以避免造成破损。正确调整杂余升运器、喂入籽粒链耙及刮板链条的松紧度。卸下复脱器 2 块搓板，防止大豆经受强力揉搓。尽量避免复脱器、脱粒滚筒、杂余及籽粒推运搅龙等输运部位堵塞，以减少豆粒破碎。

二、预防夏大豆症青技术

（一）摸清大豆症青的诱因

1. 品种间差异

大豆属短日照作物，对日照长短反应极敏感。不同的大豆品种与其生长发育相适宜的日照长度不同，只要实际日照比适宜的日照长，大豆植株则延迟开花。反之，则开花提早。大豆进入开花期，营养生长与生殖生长是否协调同步，光、温、水、气等生长条件是否适宜，并能适时由前期的以营养生长为主转化为以生殖生长为主，是决定症青是否发生的关键。多年的实践证明，不同大豆品种，其生育期、抗逆性不同，症青发生轻重不同。一般情况下，开花早，花期集中，灌浆快的中、早熟品种发生较轻，而一些后期生长势强，丰产潜力大的偏晚熟品种发生较重。抗旱、耐涝、耐高（低）温、综合抗性好的品种发生轻，综合抗性差的品种发生重。

2. 不良气象因子的影响

大豆属喜光作物，大豆的光补偿点为 2 540~3 690lx，光饱和点一般在 30 000~40 000lx，光补偿点和光饱和点都随着田间通风状况而变化。整个生育期发育进程受光照、温度、降水等气候因子影响很大。大豆对这些气候因子反应比较敏感。同一优良品种在同一地区种植，不同年份，气候条件不一样，症青发生的程度不同。湿润的气候，充足的光照，有利于大豆各生育阶段的生长发育，无症青发生或发生较轻。而多雨、干旱、发育中后期高温、低温等不利的气候条件，有利于症青发生，尤其是在花荚期遇到低温和阴雨连绵或持续高温天气，均造成花荚大量脱落。再如遇后期忽然降温，影响大豆灌浆速度，贪青晚熟，症青发生就多且重。

3. 栽培措施不当

一是播期过早。大豆是典型的 C_3 作物，光合速率比较低，光合速率高峰出现在结荚鼓粒期。播种过早，植株营养生长期太长，导致大豆开花期生理年龄太老，难以结荚。播期过晚，减少大豆生育期间能量的积累，后期如遇低温，影响大豆灌浆速度，利于症青发生。二是种植密度过大。密度过大影响通风透光，使田间小气候变劣，光合作用消弱，造成花荚脱落，利于症青的发生。三是施肥不合理。氮肥过量，造成植株徒长，枝繁叶茂，田间郁蔽，荚果稀疏，贪青晚熟。四是除草剂和植物生长调节剂使用不当。除草剂、生长调节剂等影响大豆植株的正常生长发育，易引起症青。

4. 病虫害防治不及时

实践证明，蓟马、烟飞虱、豆秆黑潜蝇、点蜂缘椿等害虫发生后，防治不及时，为害大豆正常发育，营养失调，造成植株不能正常开花结实出现症青。

（二）预防大豆症青、实现优质高产的技术措施

在大豆生产过程中，上面任何一个因素起作用就可以发生症青，但大豆症青的发生往往不是单一因素作用的结果，所以还要采用综合防治的技术措施，才能实现大豆的优质高产。

1. 选择优良品种

大豆要实现优质高产，一定要有一个适宜的生物产量做基础，经济产量与生物产量比要适当。大豆的生态适应性是特别明显的，只有种植与生态条件相适应的品种，才能获得高产。因此，必须根据当地的气候、土壤条件，因地制宜选种高产品种。

2. 做好种子处理

一是精选种子。去除豆种中的杂粒、病粒、秕粒、破粒和杂质，提高种子净度和商品性。播种用大豆种子质量要达到大田良种标准以上，纯度≥98%，净度>99%，发芽率>85%，水分<12%。二是播种前晒种，可以提高种子的发芽率和生长势，提早出苗 1~2d。三是根瘤菌拌种，建议用农业农村部登记的大豆液体或固体根瘤菌剂，按说明书用量拌入菌剂，以加水或掺土的方式稀释菌剂均匀拌种，拌完后在 12h 尽快播种；也可以在种子包衣时加入大豆根瘤菌菌剂，但是要注意包衣剂和根瘤菌剂之间应相互匹配，不能因种衣剂药效抑制根瘤菌的活性。四是种子包衣。采用 35%多福克悬浮种衣剂，按药种比 1∶80 进行种子包衣，可有效预防大豆根腐病、孢囊线虫病和苗期虫害，促进出苗成活。

（三）合理安排茬口，适时早播

（1）墒情要适宜。由于大豆发芽、出苗需水量较大，所以在播种前要根据实际情况进行耕地造墒，适墒播种。

（2）大豆不宜重迎茬，也不宜和其他豆科连作。通过轮作、倒茬，减轻病虫害的发生。

（3）适期早播，而且播种越早产量越高。研究证明，自 6 月中旬起，每晚播 1d，平均减产 1.5kg/亩左右。所以麦后直播大豆宜在 6 月上中旬及早进行。

（4）合理密植。一般以大豆开花初期能及时封垄作为合理密植的判断标准。根据土壤肥力、品种特性及播种早晚确定合理的种植密度。一般播种量 3~5kg/亩，行距 0.4~0.5m，株距 0.1~0.13m，

1.1万~1.5万株/亩。薄地、分枝少的品种、播种晚的密度应大一些；肥地、分枝多的品种、播种早的密度应小一些。提倡机械精细播种。播种时要求下种均匀，深浅一致，覆土厚度3~4cm为宜。出苗后早间苗、早定苗，对缺苗断垄的要及时移栽补苗。

（四）推广测土配方施肥

在测土化验的基础上，根据土壤实际肥力，科学确定氮、磷、钾施肥量，合理增加硼、钼等微量元素肥料的施用，做到均衡配方施肥。

1. 早施苗肥

在大豆幼苗期，追施尿素4~6kg/亩、过磷酸钙8~10kg/亩，或大豆专用肥10kg/亩。

2. 追施花肥

在初花期追施适量的大豆专用肥或复合肥，使大豆营养均衡，可减少花荚脱落，防止症青株的发生，增产15%左右。土壤肥沃，植株生长健壮，应少追或不追氮肥，以防徒长。基肥施磷不足时，应在此时增补，施过磷酸钙7~9kg/亩。

3. 补施粒肥

大豆进入结荚鼓粒期后，进行叶面喷肥。一般用尿素500g/亩+硼钼复合微肥15g/亩+磷酸二氢钾150g/亩，兑水40~50kg/亩，均匀叶面喷施，肥料应根据具体情况适当调整，可喷施2~3次，满足后期生长需要，做到增产提质。

（五）化学调控

对肥力较好的地块，雨水较大的年份，或产量较高但抗倒性不太强的品种，或前期长势旺、群体大、有徒长趋势的田块，可在大豆初花前进行化控防倒，用缩节胺250g/L水剂20mL/亩兑水50kg/亩喷施，或用15%多效唑50g/亩兑水40~50kg/亩喷施。而对肥力较差的地块，雨水较小的年份，或抗倒性较强的品种，可适时喷些刺激生长的调节剂或多元微肥。鼓粒期喷施磷酸二氢钾、叶面宝等叶面肥，可防植株早衰，增加粒重。但要注意，使用时要先做试验，根据说明严格掌握用量，切忌盲目使用。

（六）及时排灌

大豆幼苗期，轻度干旱能促进根系下扎，起到蹲苗的作用，一般不必浇水。在花荚期当土壤相对含水量低于60%时浇水，能显著提高大豆产量。鼓粒期遇旱及时浇水，能提高百粒重。接近成熟时土壤含水量低些有利于提早成熟。雨季遇涝要及时排水。

（七）适时收获

大豆生长后期，当植株呈现本品种的特性时，要适时收获。一般情况下，人工收获应在黄熟期进行，即田间植株90%的叶子基本脱落，豆粒发黄；机械收获应在完熟期进行，即叶片脱落，荚皮干缩，种子变硬，具有原品种的固有色泽，摇动植株时有响声。但是，对于有裂荚特性的品种要及时收获，以保证丰产丰收。

第三节　大豆机械化生产技术标准

在大豆规模化生产区域内，提倡标准化生产，品种类型、农艺措施、耕作模式、作业工艺、机具选型配套等应尽量相互适应，科学规范，并考虑与相关作业环节及前后茬作物匹配。

随着窄行密植技术及其衍生的大垄密、小垄密和平作窄行密植技术的研究与推广，大豆种植机械化技术日臻成熟。不同乡村应根据本标准，研究组装和完善相应区域的大豆高产、高效、优质、安全的机械化生产技术，加快大豆标准化、集约化和机械化生产发展。

一、播前准备

（一）品种选择及其处理

1. 品种选择

按当地生态类型及市场需求，因地制宜地选择通过审定的耐密、秆壮、抗倒、丰产性突出的主导品种，品种熟期要严格按照品种区域布局规划要求选择，杜绝跨区种植。

2. 种子精选

应用清选机精选种子，要求纯度≥99%，净度≥98%，发芽率≥95%，水分≤13.5%，粒型均匀一致。

3. 种子处理

应用包衣机将精选后的种子和种衣剂拌种包衣。在低温干旱情况下，种子在土壤中时间长，易遭受病虫害，可用大豆种衣剂按药种比1：（75~100）防治。防治大豆根腐病可用种子量0.5%的50%多福合剂或种子量0.3%的50%多菌灵拌种。虫害严重的地块要选用既含杀菌剂又含杀虫剂的包衣种子；未经包衣的种子，需用5%辛硫磷乳油拌种，以防治地下害虫，拌种剂可添加钼酸铵，以提高固氮能力和出苗率。

（二）整地与轮作

1. 轮作

尽可能实行合理的轮作制度，做到不重茬、不迎茬。实施“玉米—玉米—大豆”和“麦—杂—豆”等轮作方式。

2. 整地

大豆是深根系作物，并有根瘤菌共生。要求耕层有机质丰富，活土层深厚，土壤容重较低及保水保肥性能良好。适宜作业的土壤含水率15%~25%。

（1）保护性耕作。实行保护性耕作的地块，如田间秸秆（经联合收割机粉碎）覆盖状况或地表平整度影响免耕播种作业质量，应进行秸秆匀撒处理或地表平整，保证播种质量。可应用联合整地机、铲杆式深松机或全方位深松机等进行深松整地作业。提倡以间隔深松为特征的深松耕法，构造“虚实并存”的耕层结构。间隔3~4年深松整地1次，以打破犁底层为目的，深度一般为35~40cm，稳定性≥80%，土壤膨松度≥40%，深松后应及时合墒，必要时镇压。对于田间水分较大、不宜实行保护性耕作的地区，需进行耕翻整地。

（2）麦后直播。前茬一般为冬小麦，具备较好的整地基础。没有实行保护性耕作的地区，一般先撒施底肥，随即用圆盘耙灭茬2~

3遍，耙深15~20cm，然后用轻型钉齿耙浅耙，耙细耙平，保障播种质量；实行保护性耕作的地区，也可无须整地，待墒情适宜时播种。

二、播种

（一）适期播种

夏播区域要抓住麦收后土壤墒情适宜的有利时机，抢墒早播。在播种适期内，要根据品种类型、土壤墒情等条件确定具体播期。中晚熟品种应适当早播，以便保证霜前成熟；早熟品种应适当晚播，使其发棵壮苗；土壤墒情较差的地块，应当抢墒早播，播后及时镇压；土壤墒情好的地块，应根据大豆栽培的地理位置、气候条件、栽培制度及大豆生态类型具体分析，选定最佳播期。

（二）种植密度

播种密度依据品种、水肥条件、气候因素和种植方式等来确定。植株高大、分枝多的品种，适于低密度；植株矮小、分枝少的品种，适于较高密度。同一品种，水肥条件较好时，密度宜低些；反之，密度高些。麦茬地窄行密植平作保苗在1.5万株/亩左右为宜。

（三）播种质量

播种质量是实现大豆一次播种保全苗、高产、稳产、节本、增效的关键和前提。建议采用机械化精量播种技术，一次完成施肥、播种、覆土、镇压等作业环节。

参照中华人民共和国农业行业标准NY/T 503—2002《中耕作物单粒（精密）播种机作业质量标准》，以覆土镇压后计算，一般播种深度3~4cm，风沙土区播种深度5~6cm，确保种子播在湿土上。播种深度合格率≥75.0%，株距合格指数≥60.0%，重播指数≤30.0%，漏播指数≤15.0%，变异系数≤40.0%，机械破损率≤1.5%，各行施肥量偏差≤5%，行距一致性合格率≥90%，邻接行距合格率≥90%，垄上播种相对垄顶中心偏差≤3cm，播行50m直线性偏差≤5cm，地头重（漏）播宽度≤5cm，播后地表平整、镇压连续，晾籽率≤2%；地头无漏种、堆种现象，出苗率≥95%。实行保护性耕作的地块，播种时应避免播种带土壤与秸秆根茬混杂，确保种子与土壤接触良好。调整播量时，应考虑药剂拌种使种子质量增加的因素。

播种机在播种时，结合播种施种肥于种侧3~5cm、种下5~8cm处。施肥深度合格指数≥75%，种肥间距合格指数≥80%，地头无漏肥、堆肥现象，切忌种肥同位。

随播种施肥随镇压，做到覆土严密，镇压适度（3~5kg/cm^2），无漏无重，抗旱保墒。

（四）播种机具选用

根据各地农机装备市场实际情况和农艺技术要求，选用带有施肥、精量播种、覆土镇压等装置和种肥检测系统的多功能精少量播种机具，一次性完成播种、施肥、镇压等复式作业。夏播大豆可采用全稻秆覆盖少免耕精量播种机，少免耕播种机应具有较强的秸秆根茬防堵和种床整备功能，机具以不发生轻微堵塞为合格。一般施肥装置的排肥能力应达到90kg/亩左右，夏播大豆机具的排肥能力达到60kg/亩以上即可。提倡选用具有种床整备防堵、侧深施肥、精量播种、覆土镇压、喷施封闭除草剂、秸秆均匀覆盖和种肥检测功能的多功能精少量播种机具。

三、田间管理

（一）施肥

根茬全部还田，基肥、种肥和微肥接力施肥，防止大豆后期脱肥，种肥增氮、保磷、补钾三要素合理配比；夏大豆根据具体情况，种肥和微肥接力施肥。提倡测土配方施肥和机械深施。

1. 底肥

生产AA级绿色大豆地块，施用绿色有机专用肥；生产A级优质大豆，施优质农家肥1 500~2 000kg/亩，结合整地一次施入；一般大豆需施尿素4kg/亩、钾肥7kg/亩左右，结合耕整地，采用整地机具深施于 12~14cm 处。

2. 种肥

根据土壤有机质、速效养分含量、肥料供应水平、品种和前茬情况及栽培模式，确定具体施肥量。在没有进行测土配方平衡施肥的地块，一般氮、磷、钾纯养分按 1：1.5 ：1.2 比例配用，肥料商品量种肥每亩尿素 3kg、钾肥 4.5kg 左右。

3. 追肥

根据大豆需肥规律和长势情况，动态调剂肥料比例，追施适量营养元素。当氮、磷肥充足条件下应注意增加钾肥的用量。在花期喷施叶面肥。一般喷施 2 次，第 1 次在大豆初花期，第 2 次在结荚初期，可用尿素加磷酸二氢钾喷施，用量一般每公顷用尿素 7.5~15kg 加磷酸二氢钾 2.5~4.5kg 兑水 750kg。中小面积地块尽量选用喷雾质量和防漂移性能好的喷雾机（器），使大豆叶片上下都有肥；大面积作业，推荐采用飞机航化作业方式。

（二）中耕除草

1. 中耕培土

有条件的垄作区适期中耕 2~3 次。在第 1 片复叶展开时，进行第 1 次中耕，耕深 15~18cm，或于垄沟深松 18~20cm，要求垄沟有较厚的活土层；在株高 25~30cm 时，进行第 2 次中耕，耕深 8~12cm，中耕机需高速作业，提高壅土挤压苗间草效果；封垄前进行第 3 次中耕，耕深 15~18cm。次数和时间不固定，根据苗情、草情和天气等条件灵活掌握，低涝地应注意培高垄，以利于排涝。

平作密植夏大豆少免耕产区，建议中耕 1~3 次。以行间深松为主，深度分别为 18~20cm，第 2、第 3 次为 8~12cm，松土灭草。推荐选用带有施肥装置的中耕机，结合中耕完成追肥作业。

2. 除草

采用机械、化学综合灭草原则，以播前土壤处理和播后苗前土壤处理为主，苗后处理为辅。

（1）机械除草。封闭除草：在播种前用中耕机安装大鸭掌齿，配齐翼型齿，进行全面封闭浅耕除草。耙地除草：即用轻型或中型钉齿耙进行苗前耙地除草，或者在发生严重草荒时，不得已进行苗后耙地除草。苗间除草：在大豆苗期（一对真叶展开至第 3 复叶展开，即株高 10～15cm 时），采用中耕苗间除草机，边中耕边除草，锄齿入土深度 2～4cm。

（2）化学除草。根据当地草情，选择最佳药剂配方，重点选择杀草谱宽、持效期适中、无残效、对后茬作物无影响的除草剂，应用雾滴直径 250～400μm 的机动喷雾机、背负式喷雾机、电动喷雾机、农业航空植保等机械实施化学除草作业，作业机具要满足压力、稳定性和安全施药技术规范等方面的要求。

（三）病虫害防治

采用种子包衣方法防治根腐病、胞囊线虫病和根蛆等地下病虫害，各地可根据病虫害种类选择不同的种衣剂拌种，防治地下病虫害与蓟马、跳甲等早期虫害。建议各地实施科学合理的轮作方法，从源头预防病虫害的发生。根据苗期病虫害发生情况选用适宜的药剂及用量，采用喷杆式喷雾机等植保机械，按照机械化植保技术操作规程进行防治作业。大豆生长中后期病虫害的防治，应根据植保部门的预测和预报，选择适宜的药剂，遵循安全施药技术规范要求，依据具体条件采用机动喷雾机、背负式喷雾喷粉机、电动喷雾机和农业航空植保等机具和设备，按照机械化植保技术操作规程进行防治作业。各地应加强植保机械化作业技术指导与服务，做到均匀喷洒、不漏喷、不重喷、无滴漏、低漂移，以防出现药害。

（四）化学调控

高肥地块大豆窄行密植由于群体大，大豆植株生长旺盛，要在初花期选用多效唑、三碘苯甲酸等化控剂进行调控，控制大豆徒长，防止后期倒伏；低肥力地块可在盛花、鼓粒期叶面喷施少量尿素、磷酸二氢钾和硼、锌微肥等，防止后期脱肥早衰。根据化控剂技术要求选用适宜的植保机械设备，按照机械化植保技术操作规程进行化控作业。

（五）排灌

根据气候与土壤墒情，播前抗涝、抗旱应结合整地进行，确保播种和出苗质量。生育期间干旱无雨，应及时灌溉；雨水较多、田间积水，应及时排水防涝；开花结荚、鼓粒期，适时适量灌溉，协调大豆水分需求，提高大豆品质和产量。提倡采用低压喷灌、微喷灌等节水灌溉技术。

四、收获

（一）适期收获

大豆机械化收获的时间要求严格，适宜收获期因收获方法不同而异。用联合收割机直接收割方式的最佳时期在完熟初期，此时大豆叶片全部脱落，植株呈现原有品种色泽，籽粒含水量降为18%以下；分段收获方式的最佳收获期为黄熟期，此时叶片脱落70%～80%，籽粒开始变黄，少部分豆荚变成原色，个别仍呈现青绿色。采用“深、窄、密”种植方式的地块，适宜采用直接收割方式收获。

（二）机械收获

大豆直接收获可用大豆联合收割机，也可借用小麦联合收割机。由于小麦联合收割机型号较多，各地可根据实际情况选用，但必须用大豆收获专用割台。一般滚筒转速为500～700r/min，应根据植株含水量、喂入量、破碎率、脱净率情况，调整滚筒转速。

分段收获采用割晒机割倒铺放，待晾干后，用安装拾禾器的联合收割机拾禾脱粒。割倒铺放的大豆植株应与机组前进方向呈30°角，并铺放在垄台上，豆枝与豆枝相互搭接。

（三）收获质量

收获时要求割茬不留底荚，不丢枝，田间损失≤3%，收割综合损失≤1.5%，破碎率≤3%，泥花脸≤5%。

五、注意事项

（1）驾驶人员、操作人员应取得农机监理部门颁发的驾驶证，加强驾驶操作人员的技术岗位培训，不断提高专业知识和技能水平。严禁驾驶、操作人员工作期间饮酒。

（2）驾驶操作前必须检查保证机具、设备技术状态的完好性，保证安全信号、旋转部件、防护装置和安全警示标志齐全，定期、规范实施维护保养。

（3）机具作业后要妥善处理残留药液、肥料，彻底清洗容器，防止污染环境。

（4）驾驶操作前必须认真阅读随机附带说明书。

第十一章　花　　生

第一节　地膜覆盖高产栽培技术

一、花生地膜覆盖栽培的增产机制

（一）改善生态条件

无论是春播还是夏播花生，通过地膜覆盖栽培，改善了花生田土壤水、肥、气、热条件，为花生生长发育创造了良好的生态环境。

（1）增温保温效应。地膜覆盖能够有效提高土壤耕层温度，使太阳辐射能透过地膜传导到土壤中去，并由于地膜的不透气性阻隔了水分蒸发，减少了地面热量向空气中的散发，使热量贮存于土壤并传向深层。

（2）保墒提墒。由于地膜覆盖切断了水分与大气的通道，使水分只能在膜内循环，因而水能较长时间地储存于土壤中，从而大大提高了花生对土壤中水分的有效利用。当天气干旱无雨时，耕层水分减少，由于土温上层高于下层，土壤深层的地下水通过毛细管向地表移动，不断补充和积累耕层土壤水分，起到了提墒作用。

（3）改良土壤结构。地膜覆盖能使花生田土壤在全生育期内处于免耕状态，表土层躲避风吹、降水及灌溉的冲击，减少中耕锄草、施肥、人工或机械践踏所造成的土壤硬化板结，从而使春耕层土壤始终处于良好的疏松状态，有利于根系发育和果针下扎及荚果膨大。

（4）促进土壤微生物繁殖，提高土壤有效养分含量。地膜覆盖能够均衡地调节土壤水、肥、气、热状态，使土壤保持湿润、疏松、温暖、肥沃的生态环境，促进土壤微生物繁殖，提高微生物活性，并加速有机质的分解转化，使土壤中氮、磷、钾等有效养分增加，土壤保持较高的肥力水平，为花生生长发育提供了充足的养分。

（5）增加近地层光照强度。由于地膜对阳光的反射作用，使覆膜花生植株行间及近地层光量增加。同时还增加了植株下部叶片的光照强度，增强了光合作用，进一步提高了光能利用率。

（二）促进生长发育

地膜覆盖后，土壤的水、肥、气、热等条件得到了改善，各个生态因子相互协调，从而促进花生健壮生长，生育期提前，生育进程加快，产量品质提高。

1. 改变生育进程

（1）春播花生提早播种。利用地膜覆盖栽培，使春花生提早播种 15~20d，并保证了春花生苗期的正常发育，充分利用了生长季节和光能资源。

（2）生育期提前，生育速度加快，生殖生长期延长。花生覆膜栽培后，生理代谢活动加强，生育期进程加快，提前进入结实期，饱果期的时间得到相对延长，这也就是覆膜花生高产优质的主要原因之一。

2. 促进植株生长发育

首先促进培育壮苗。覆膜栽培后，种子发芽势强，发芽率提高，发芽时间缩短，一般可比露地直播出苗早 5~8d，其次是根、茎、叶都表现了比较强的优势，覆膜春花生苗期主根比对照长 4. 6cm，侧根多 10~14 条，苗期至成熟期主茎高比对照多 3. 5~5cm，分枝多3~5 条，叶片多 15~20 片，苗期和下针期叶面积系数分别比对照高 0. 3 和 0. 98。

3. 利于开花结实

一般春播地膜花生均比露地直播早开花、开花量大；单株结果数、饱果数、双仁果率、出仁率均比春直播显著增加。

二、地膜覆盖栽培技术

（一）播前准备

1. 选择适宜的地膜

一般选用耐拉力强、耐老化，无色透明透光率高的聚乙烯薄膜，宽度为80~90cm，厚度为（0.007 ±0.002）mm。

2. 选用优良品种

要选用适应性广、抗逆性强、增产潜力大，具有前期稳长、后熟长势强的中熟大果型或早熟中果型品种。

3. 选择适宜的土地

地膜覆盖栽培花生生长势强，要求较高的土壤肥力水平才能充分发挥其增产潜力。应选择地势平坦、土层深厚、保水保肥、土质疏松、中等以上肥力，并经过2年轮作倒茬的土地。

4. 整地施肥

（1）精细整地。春花生在前茬作物收获后及时进行冬季深耕、早春浅耕、耕后及时耙耱保墒。大垄距麦套地膜花生在前茬深耕的基础上，播前浅耕，播后及时中耕灭茬。在精耕细耙的基础上，结合起垄做畦，搞好三沟配套，使沟沟相通，畦垄相连，确保旱能浇、涝能排。

（2）科学配方，施足底肥。在中等以上肥力氮、磷、钾施用比例应掌握在5：1：2；同时由于地膜花生生育期内不便追施肥料，因此要求施足底肥，每亩要求施入优质农家肥4 000~5 000kg，标准氮肥10~15kg，过磷酸钙30~40kg，硫酸钾12~15kg，石膏粉20~30kg。有条件的还可施入饼肥40~50kg。

（3）起垄。播种前4~6d起垄，80~90cm一带，畦底宽30cm，垄面宽50~60cm。起垄标准是底墒足、垄体矮、垄底宽、垄面平、垄腰陡。

（二）覆膜与播种

1. 提高覆膜质量

覆膜质量的好坏，直接影响到地膜覆盖栽培技术的效果。

（1）覆膜时间。北方花生区一般是4月中下旬。

（2）覆膜方法。人工覆膜放膜时速度要缓慢，膜要摆平，伸直，拉紧，使薄膜在台面上平展没有皱纹，紧贴垄面。为了防止风刮掀膜，还可以采取每隔3~4m压一条防风土带，既能保护薄膜，又不影响播种和透光的效果。

机械覆膜用覆膜机覆膜，能加快覆盖速度，提高劳动效率，保证覆盖的质量。采用花生联合播种机将镇压、筑垄、施肥、播种、覆土、喷药、展膜、压膜、膜上筑土带等技术一次完成。

（3）喷施除草剂。花生地膜覆盖常用的除草剂有拉索、农思他、都尔、乙草胺和西草净等。施用方法，均于盖膜前将除草剂的每亩适当用量加水50~75kg，搅拌，使其稀释乳化后，均匀喷在垄面上和畦沟上。注意喷匀，不要漏喷，把规定的药量全部喷完，喷少了则会降低除草效果。

（4）盖膜方式。花生地膜覆盖有3种方式：一是随种随覆膜，即整地播种后，随即喷洒除草剂，接着盖膜，待花生出苗顶土时，及时破膜放苗。二是先盖膜后播种，即播种前5~6d盖膜，待地温升至适宜温度后，用打孔器打也播种。播后苗孔上面压上3~5cm厚的湿土，以防落干跑墒。三是先播种，齐苗后再盖膜，即花生播种后喷除草剂除草，花生齐苗后再边盖膜边打孔破膜。三种方式各有各的特点，可因地制宜选用。

2. 适期播种

（1）确定播种期。当5cm地温稳定在12 ℃以上，一般是4月15~25日。播种过早，膜内外温差大，幼苗不能正常生长；播种过晚，生育期缩短，营养生长不良，结果少，不能充分发挥地膜覆盖的作用。

（2）种子处理。一是种子精选，播种前带壳晒种2~3d，以提高种子发芽势和发芽率。二是浸种子催芽和药剂拌种，这是经多年实践证明的一项全苗壮苗措施。三是根瘤菌拌种，能增加花生植株根瘤数，增加根瘤菌活性，提高花生固氮能力。

（3）提高播种质量。不论是先盖膜后播种，还是随播种随盖膜，或是出苗后再盖膜，都要按密度规格开沟或打孔。一定要注意墒情，墒情差，要提前浇水；覆膜后在打孔的周围要压严，否则起不到保温作用。

3. 合理密植

花生的单位面积产量是由单位面积内穴数、穴荚果数和果重三因素构成。应根据品种类型、地力、栽培条件选择适宜的种植密度。一般应用中熟大粒型品种，每穴两粒，亩穴数0.8万~1.1万穴。

（三）田间管理

1. 苗田护膜

在播种出苗阶段，容易被风刮揭膜，或者因为垄面薄膜封闭不够严密及破损等原因，都会影响地膜的增温、保温、保墒的效果，影响出全苗、出齐苗。因此，在出苗前要深入田间细致检查，发现上述情况及时盖严压实，保持薄膜覆盖封闭严密，保证增温保墒效果。

2. 助苗出土，壮苗早发

随播种随盖膜的花生顶土时，要及时开孔放苗和盖土引苗，防止窝苗。做到一次完成，不能出一棵引一棵，也不可待幼苗全部出土后再开孔引苗。因此，开孔引苗一定要在顶土时进行。开孔放苗的方法是：用三个手指或小刀在苗穴上方将地膜撕成一个孔径4.5~5cm的圆孔，随即抓一把松散的湿土盖在膜孔上厚3~5cm，防止幼苗高温烫伤。散土后不要按压，以保持地膜增温、保墒、除草效果，避免引苗出土，起到自然清棵的作用，培育壮苗。

3. 适时清墩和抠枝

（1）清墩。花生出苗后主茎有2片复叶展现，应及时清理膜孔上的土堆，并将幼苗根际周围浮土扒开，使子叶露出膜外，释放第一对侧枝，以免影响花生正常的生长发育。

（2）抠枝。花生出苗后主茎有 4 片复叶时，要及时将压在膜下的侧枝抠出来，而侧枝又是结果最多的第 1 对侧枝，若压在膜下时间久了，影响早生快发，降低结实能力，影响产量。

（3）查苗补种。结合开孔放苗和清理膜上土墩，进行查苗补种，若发现缺苗，应随即将准备好的催芽种子逐穴补上，保证全苗，为高产稳产打好基础。

4. 中耕除草

降水或浇水后，垄沟土壤容易板结，滋生杂草，应及时顺垄沟浅锄，破除板结，消灭杂草。膜内发生杂草时，用土压在杂草顶端地膜面上，3~5d 后杂草因缺氧窒息枯死。

5. 浇好关键水

播后 2 个月不降水常发生旱象，此时正值花生荚果膨大期，需水最多，应立即采取沟灌、润灌的措施，以保根、保叶，维持盖膜花生正常生长发育，确保高产。

6. 化学调控

在花生开花后 30~40d，每亩叶面喷施 150mg/kg 的多效唑溶液 50kg，以控上促下，控制营养生长，促进生殖生长，提高营养体光合产物向生殖体运转速率，防止田间群体郁闭倒伏，保持较高而稳定的有效叶面积，提高光合效率，获取高产。

7. 根外追肥

缺铁时可叶面喷洒 0.2%~0.3%的硫酸亚铁溶液及时补充铁元素。在缺硼、铁、锌的土壤，可叶面喷 0.2%的硼酸液、0.03%的钼酸铵溶液、0.02%~0.05%的硫酸锌溶液。在结荚后期每隔 7~10d 叶面喷施一次 1%尿素液每亩 75kg 和 2%~3%的过磷酸钙水溶液 1~2 次，或用 0.3%的磷酸二氢钾水溶液 1~2 次，对提高荚果饱满度有重要作用。对有早衰迹象的地块叶面喷肥更为重要。

（四）适时收获，回收残膜

（1）适时收获，增产增收。覆膜春花生成熟期比露地栽培提早

7~10d。花生正常成熟的长相，一般是植株下部茎枝落黄，叶片脱落但水肥条件好的这些现象不明显，因此地膜花生还要看荚果的饱满度。中熟大果品种的饱果指数达50%~70%，早熟中果品种单株饱果指数达70%~90%时为适收标准。荚果成熟外观标准是果壳外皮发青而硬化，籽仁充实饱满，种皮色泽鲜艳。收获后及时晾晒，待种子含水量低于12%时，方可入库。

(2) 残膜回收。结合用犁穿垄收获花生时，先把压在土里的残膜边揭起来，再抽去地上的残膜，回收率可达98%；结合冬春耕地把前茬埋在地里的残膜捡起来。

第二节　麦套花生高效栽培技术

麦垄套种夏花生能较好地解决夏播花生光照积温不足问题。但是麦套花生在种植方式、施肥技术、品种搭配等方面存在很多问题，影响了产量和效益的提高。分析麦套花生的生育特点，主要是播种时无法施底肥；与小麦共生期间存在争光热、争水肥的矛盾，具有前期缓升、中期突增、后期锐降的生长发育规律。中期是花生植株主要形成期，即始花后20d，光合效率高，积累干物质量占全生育期总量的87.6%，因此其栽培要点如下。

一、统筹安排，深耕增肥

选土层深厚、排灌方便、肥力中等以上的土地。种麦前深耕20~30cm。结合深耕每亩施优质圈肥4 000 kg、碳酸氢铵35kg、过磷酸钙65~70kg、氯化钾25kg作小麦基肥。第2年早春追肥推迟到小麦拔节至挑旗，兼作花生基肥。

二、良种配套，光热互补

为减少两作物共生期争光争热矛盾，品种选用上必须搭配好。小麦选用早熟、矮秆、株型紧凑的品种；花生选用耐阴性好的中早熟品种。

三、改革种植方式，发挥边行优势

小垄宽幅麦套花生。秋种时不起垄，40cm 一带，小麦播幅 6~7cm，套种空当 33cm。一般麦收前 15~25d（中低产麦田可适当提前到麦收前 25~30d 套种）在空当上开沟套种一行花生，穴距 16.5~20cm。密度每亩种 8 333~10 000 穴，每穴两粒。小麦收获后立即灭茬、追肥、浇水。在花生封垄前深锄扶垄，培土迎针。

大垄麦套花生。秋种小麦时，先起大垄，垄距 90cm，垄沟 30cm，垄高 12cm，垄沟内播 2 行小麦，小麦小行距 20cm，大行距 70cm。春天在垄中间开沟施入花生基肥。4 月上中旬在垄上覆膜套种花生，播种规格：垄上种两行花生，小行距 25~30cm，大行距 60~70cm，穴距 16.5~18cm，密度为每亩8 000穴，每穴两粒，采用幅宽 75~80cm 地膜打孔播种。播种时尽量少损伤小麦。小麦收获后要立即浇水、灭茬、扶垄。在垄内也可种秋黄瓜或间作芝麻，增加收入。

常规麦套花生。一般 2 万株/亩左右。小麦正常播种情况下（行距 23~30cm）行行套种花生。

四、科学管理

麦套花生的田间管理是前中期猛促，中后期保叶防衰。

前期：小麦花生共生期间是花生幼苗出土和发育期，结合浇麦黄水，促进花生根早发和花器形成。麦收后即花生 8~9 叶期，结合灭茬培土，每亩追施磷酸二铵 10~15kg，以促进侧枝生长和前期花开放。覆膜套种应适时破膜放苗。

中期：培土迎针，防治病虫；遇旱浇水，促进发棵增叶，加速光合产物积累。7 月 20 日前后株高超过 35cm，应及时喷施生长抑制剂控制旺长。

后期：结荚期搞好叶面喷肥，延长绿叶功能期，促进荚果充实。

第三节　夏直播花生起垄种植技术

起垄种植是近年推广的一项夏直播花生高产栽培技术，它有效地解决了淮河流域夏播花生生产涝灾频繁、渍害严重，产量低而不稳、品质下降和机械化程度低、劳动强度大、生产成本高等制约该区域花生生产发展的主要限制因素。垄作不仅有利于灌溉和排水防涝，增加土壤的通透性，改善花生的生长环境，促进根系发育，加快花生的生育进程，增强花生的抗旱耐涝能力，同时便于田间管理和机械化操作。机械化起垄种植在正常情况下比平播增产 10%以上，旱涝年份增产达 20%以上，高产田可达到 400kg/亩以上。

一、选用优良早熟品种

起垄种植夏直播花生生育期短，个体发育差，应根据当地生态条件，选择早熟、耐密植、综合抗性好、生育期在 110d 以内的高产优质花生品种。如远杂 9102、远杂 9307、驻花 1 号、豫花 22 号、豫花 23 号等花生品种。

二、精细整地，科学播种

精细整地对于提高夏播起垄种植花生播种质量，特别是机械化播种质量至关重要，并且有利于实现苗全苗壮，促进花生生长发育，从而提高产量。保证整地质量的关键是机械化收获小麦后所留的麦茬要低，田间小麦秸秆最好清除，耕地时土壤墒情要适宜，一般以浅耕为宜（麦后可深耕、浅耕交替进行，或一年深、两年浅），真正做到精耕细耙，地面平整。

起垄播种一般垄高为 10～15cm，垄距为 70～80cm，垄沟宽 20～30cm，垄面宽 40～50cm，花生小行距控制在 20cm 左右，即要保持花生种植行与垄边有 10cm 以上的距离，利于花生果针入土。

播种要做到足墒播种，或播后顺沟灌溉，播深 3～5cm。机械化播种可一次完成起垄、开沟、施肥、播种、覆土、喷除草剂等作业，不但省工省时，而且能提高播种质量。

三、施足底肥、巧施叶面肥

起垄种植夏播花生生育期短，缺肥极易影响花生生长发育。因此，播前应施足基肥，增施有机肥，补充速效肥，巧施微肥。一般施有机肥 2 500~3 000kg/亩、氮（N）6kg、磷（P_2O_5）12kg/亩、钾（K_2O）12kg/亩。若考虑夏季花生整地播种时间紧，整地时来不及施肥，可在小麦播种时增加小麦的基肥数量，达到一肥两用，并在花生出苗后，追施速效氮肥（纯氮）6~10kg/亩，促进花生的生长发育。同时根据生育期长势，缺肥田块中后期可通过叶面喷肥方式为花生的生长发育补充营养，提高植株抗逆性，减缓衰老，增加果重，提高产量。

四、及早播种、适度密植

早播是起垄种植夏播花生高产的关键。据研究，随着播期的推迟，夏播花生产量明显降低。因此，夏播花生应及早播种，越早越好，最晚不能迟于 6 月 20 日。

起垄种植夏播花生生育期短，个体发育在一定程度上受到影响，单株生产力低，因此应加大种植密度，依靠群体提高花生产量。双粒播种时，中上等肥力地块，适宜种植密度为 12 000~13 000 穴/亩；中等肥力以下地块，每亩种植 13 000~15 000 穴。机械化单粒播种时，适宜种植密度为 20 000 株/亩以上。

五、使用专用机械播种，提高播种质量

花生起垄种植应使用专用播种机械，能一次完成起垄、播种、施肥、喷施除草剂等作业，不但省工省时，而且能提高播种质量，花生出苗整齐一致。

六、适时化控，防止倒伏

起垄种植夏播花生生育期间雨量充沛、气温高，特别是高产田

块，花生前期生长发育快，中期生长旺，易造成群体郁蔽和后期旺长倒伏，从而导致减产。因此，应适时喷施植物生长延缓剂，控制徒长。当株高达到35cm左右时，有旺长趋势的田块，每亩用15%的多效唑可湿性粉剂30~50g或5%的烯效唑可湿性粉剂20~40g，兑水40kg左右，叶面均匀喷洒，防止旺长倒伏。

七、叶面施肥

花生进入结荚期后，叶面喷施1%的尿素和2%~3%的过磷酸钙澄清液，或用0.1%~0.2%磷酸二氢钾水溶液2~3次（间隔7~10d），每次喷洒50~75kg/亩。

八、及时进行病虫害防治

起垄种植花生生长发育快，种植密度大，整个生育期又处在6月初至9月下旬高温多雨的季节里，病虫害发生一般较重，及时防治病虫害是获得高产的关键措施之一。

九、旱浇涝排，防止积水

由于起垄增加了灌溉的便利，特别是在苗期及荚果膨大期，干旱时要及时浇水，确保花生的正常生长发育。

6—9月降水量大、涝灾频繁，易造成土壤缺氧，影响花生根部呼吸及营养物质吸收，严重时造成烂果。因此，雨后应及时排除积水，为花生生长发育创造良好的生态环境。

十、适时收获

花生成熟后要及时收获，可采用分段式收获机械或联合收获机械收获。花生成熟（植株中下部叶片脱落，上部1/3叶片变黄，荚果饱果率超过80%）时应及时收获。收获摘果后，应及时晾晒或机器烘干，当花生荚果水分降至10%以下时，入库储藏。

第四节 花生“两增三改”高产栽培技术

花生“两增三改”高产栽培技术，是在花生高产创建实践中创新集成的新技术。“两增”，就是增施有机肥、合理增加种植密度；“三改”，为改早播为适期晚播、改一次化控为系统化控、改病虫害常规防治为绿色防控。该技术解决了花生品种混杂退化、单产增速变缓、病虫害发生趋重等问题。

技术要点如下。

一、增施有机肥

花生施肥要以有机肥为主，化肥为辅助。一般中高产地块，在原来每亩1 000~1 500kg基础上，每亩增加腐熟有机肥500kg，亩产500kg高产地块要达到2 000kg以上；适当减少化肥用量，一般地块亩施氮肥（纯氮）6~7kg、磷肥（P_2O_5）8kg左右、钾肥（K_2O）3kg左右；同时要根据不同地区或地块土壤养分丰歉情况，因地制宜施用硼、锌等微肥，每亩可施用硼肥0. 5~1kg、锌肥0. 5~1kg；缺钙地区和高产田要单独补施钙肥，以促进结实和荚果饱满，碱性土壤可亩施50~80kg石膏，酸性土壤亩施30~50kg石灰或20~30kg石灰氮。施肥方法如下。基肥：基肥的施用是结合耕地进行的，在耕地前，将要施用的有机肥和化肥，按照有机肥的全部，化肥总量的2/3，均匀地撒在地表。种肥：在花生播种时施用，一般为化肥总量的1/3，跟种肥时要注意，花生种子千万不能和花生接触，人工起垄的要先将化肥掩上，在另外的地方开沟播种，机械播种的，要将化肥拌匀，不要有化肥坷垃，随时检查化肥的排肥速度和排肥量，避免集中排肥。追肥：根据田间的花生长势确定，追肥时间一般在结荚期和饱果成熟期，追肥的种类视花生的长势确定。

二、合理增加种植密度

选择高产优质、抗病性强、产量潜力高的大花生品种，目前主要有豫花15、远杂9102、豫花65号、豫花37号、花育22号、花育25号、鲁花11号等，春播合理密植，密度以8 000~10 000穴/亩为宜，高产田要达到9 000穴/亩以上。

三、改抢墒早播为适期晚播

改抢墒早播种植习惯，春花生地膜栽培，将播种期由原来4月中下旬推迟到5月1日以后，最佳播种期为5月1—10日，如旱地抢墒播种不能早于4月25日。

四、改一次化控为系统化控

对于花生有徒长趋势的地块，当花生株高35cm以上（一般花生封垄前）时应用化控技术，可喷施壮饱安、新丰果宝或新丰1号等花生专用调节剂。喷雾时，没有必要喷施花生植株的全部，只喷施花生顶部生长点即可。喷施时间最好在16：00以后，有利于吸收，提高药效。

五、改病虫害常规防治为绿色防控

搞好田间管理，开展统防统治，通过生物、物理和化学防治相结合，应用频振杀虫灯、性诱剂诱杀、药剂拌种，利用白僵菌、阿维菌素、宁南霉素等生物制剂防治，综合防治蛴螬和线虫为主的地下害虫；实施健康栽培，采用高效低毒新产品技术组合，防治花生病害。

六、适时收获

花生收获前4~6周如遇严重干旱，应及时顺沟灌水，控制黄曲霉毒素感染，并及时收获。在花生收获后1周内应及时晾晒，把水分降到10%以下，避免霉污，杜绝黄曲霉毒素污染。

第五节　花生单粒精播节本增效栽培技术

一、精选种子

精选籽粒饱满、活力高、发芽率≥95%的种子播种。种子要包衣或拌种。

二、适期足墒播种

日平均地温稳定在15℃以上，土壤含水量确保65%～70%。北方春花生适期为4月下旬至5月中旬播种。麦套花生麦收前10～15d套种，夏直播抢时早播。

三、单粒精播

单粒播种，亩播13 000～16 000粒，播深2～3cm，播后酌情镇压。

四、田间管理

花生生长关键时期，合理灌溉。适期化控和叶面喷肥防病，确保植株不旺长、不脱肥，叶片不受危害。

五、适宜区域

适合全国花生中高产田。

六、注意事项

花生单粒精播要注意精选种子。

第六节　玉米花生间作种植模式

一、品种选择

玉米选用紧凑或半紧凑型的耐密、抗逆高产良种；花生选用耐阴、抗倒高产良种。

二、播种与施肥

3∶4 间作模式（3 行玉米、2 垄花生，带宽 3cm）播种规格：间作玉米小行距 60cm，株距 12~14cm；间作花生垄距 80~85cm，垄高 10cm，一垄 2 行，小行距 30cm，大行距 50cm，双粒或单粒播种均可。

底肥亩施 8~12kg 纯氮、6~9kg P_2O_5、10~12kg K_2O、8~10kg CaO。在玉米大喇叭口期亩追施 8~12kg 纯氮，施肥位点可选择靠近玉米行 10~15cm 处。

三、管理

玉米、花生病虫害按常规防治技术进行，主要加强地下害虫、蚜虫、红蜘蛛、玉米螟、花生叶螨、锈病和根腐病的防治。

四、收获

玉米收获选用现有的联合收获机，花生收获选用联合收获机或分段式收获机。

五、注意事项

播种时期，夏播适时早播，尽量在 6 月 20 日之前，保障玉米、花生成熟。

第七节　连作花生生产关键技术

花生连作面积较大，连作花生田土壤养分缺乏，植株生长不良，减产严重，种植效益低。该技术可较好地解决连作花生种植技术落后、产量低而不稳的问题，使连作花生减产的幅度明显降低。采用该技术可实现连作花生增产 10%以上，亩增效 100 元以上。

一、深耕改土

应强调冬前耕地，深度 30~33cm，冻垡晒垡，翌年早春顶凌耙耢。对于土层较浅的地块，可逐年增加耕层深度。有条件的地区可采用土层翻转改良耕地法，即将 0~30cm 土层的土向下平移 10cm，而其下 30~40cm 土层的土平移到地表，操作时尽量不要打乱原来的土层结构。

二、施肥

连作花生田更应重视有机肥的施用。每亩施腐熟鸡粪 1 000~1 200kg 或养分总量相当的其他有机肥。化肥施用量：氮（N）8~10kg、磷（P_2O_5）10~12kg、钾（K_2O）8~10kg。全部有机肥和 60%~70%的化肥结合耕地施用，30%~40%的化肥结合播种集中施用。采用农闲轮作的地块，施肥量应增加 20%~25%。适当施用硼、钼、锌、铁等微量元素肥料。

三、农闲期抢茬轮作

在花生收获后下茬花生播种前的一段农闲时间种植一茬秋冬作物，秋冬作物在花生播种前收获或直接压青，相当于花生与其他作物进行了一茬轮作，以降低连作减产的幅度。轮作选用的作物以小麦效果最佳，其次为萝卜、油菜、菠菜等。实行农闲轮作的地块，深耕和施肥（花生基肥）可在轮作作物播种前进行。

四、田间管理

生长期间干旱较为严重时及时浇水，花针期和结荚期遇旱，若中午叶片萎蔫且傍晚难以恢复，应及时适量浇水。饱果期（收获前 1 个月）遇旱应小水润浇。结荚后如果雨水较多，应及时排水防涝。生育中后期植株有早衰现象的，每亩叶面喷施 2%~3%的尿素水溶液或 0.2%~0.3%的磷酸二氢钾水溶液 40kg，连喷 2 次，间隔 7~10d，也可喷施经农业部或省级部门登记的其他叶面肥料。

五、注意事项

地膜选用。旱薄地花生应覆膜。选用宽度 90cm 左右、厚度 0.01mm、透明度≥80%、展铺性好的常规聚乙烯地膜。覆膜前应喷施除草剂。

防止徒长。在花生结荚期有徒长趋势或倒伏危险的地块，应喷施多效唑等植物生长延缓剂，用量为 15%的可湿性多效唑粉剂 30~40g/亩，兑水 20~30kg，均匀喷洒于花生植株叶面。

第十二章　油　　菜

第一节　油菜轻简高效栽培技术

长期以来，油菜生产一直以人工作业为主，生产工序过于复杂，生产成本较高。近年来，由于农村劳动力的缺乏，劳动力成本相对提高，致使油菜生产投入产出的比较效益下降，农民种植油菜的积极性受到挫伤，导致我国油菜种植面积和产量连续出现滑坡。因此，油菜生产迫切需要省工、省力、省时的简化高效生产技术。

与传统的油菜栽培技术相比，油菜简化栽培技术是一种简洁、高效和低成本的现代油菜栽培技术。传统油菜栽培技术工序多，劳动强度大，通过各种措施使油菜单株的丰产达到群体丰产。简化栽培技术是一种适应市场经济的简单高效油菜栽培技术，它在保证高产的同时，要求尽量减少劳动力、水分和肥料的投入，通过使用机械、化学除草剂、植物生长调节剂等现代技术和手段提高油菜的产量与质量，达到高产高效率的目的。简化栽培通过群体的丰产达到高产的目的。在示范过程中，经过测算，推广该技术每亩可节省成本 50 元左右，增产 15%~20%。

该技术适用的品种为杂双 7 号、杂双 4 号、丰油 10 号。

一、机械化精量播种技术

同人工直播和育苗移栽相比，机械化精量播种和加强了对密度的控制，既可以有效降低劳动强度，也有利于培育壮苗，减少间苗、补苗的工作量。精量的关键在于种子用量的掌握。根据试验结果，在不同的密度要求下，一般品种的机械化精量播种亩用种量系数为

0.005 4。如密度要求为 4 万株，则用种量为40 000×0.005 4＝216g。播种机械可采用湖北黄鹤楼机械厂生产的油菜播种机，非水稻田采用一般的小麦播种机即可，但播种时每亩需配播 1kg 无发芽力商品油菜籽。250g 种子+配播 1kg 炒种子即可。

二、播期和密度控制

机械化播种的适宜播期在 9 月 20 日至 10 月 10 日，播种密度为 3 万~4 万株/亩，播种越迟，密度加大。

三、蚜虫轻简高效防治技术

经过几年研究，结果表明，在油菜播种时采用播种沟施用地蚜灵对油菜蚜虫具有较佳防治效果，把用 22%地蚜灵乳油 50~80g/亩拌适量细沙或细土制成毒沙或毒土于播种沟施药，防蚜效果高，苗期防治效果几乎为 100%，开花结角期防治效果仍高达 87.34%~93.60%，持效期长达 7 个月以上，可控制油菜整个生育期蚜虫的危害，这种选择性施药技术（播种沟施药、根区施药、土壤处理等）与常规施药方法整株喷雾相比，具有简单易行、保护环境、只杀害虫等优点，是一种简化高效的病虫害防治新技术。

四、科学施肥

重施基肥。施农家肥 1~1.3 t/亩、40%~45%的三元复合肥 40kg/亩、硼肥 1kg/亩。

合理追肥。掌握“早施、轻施提苗肥，腊肥搭配磷、钾肥，薹肥重而稳”的原则。早施、轻施提苗肥，结合间、定苗，追施尿素 8kg/亩；腊肥一般在 1 月中旬，以农家肥 1~1.5 t/亩和草木灰为主，覆盖苗间，壅施苗基。也可在寒流到来之前用稻草 150~250kg/亩均匀覆盖在菜苗四周，对除草保温、保墒和抗寒防冻、改善土壤结构都有好处。开春后施 1 次薹肥，一般施尿素 10~15kg/亩，做到见蕾就施，促春发稳长。

五、机械化收获

联合收获时，在85%左右角果颜色呈枇杷黄，85%~90%籽粒呈黑褐色时为机械收获适期，过早或过迟收获将会影响产量，为防止籽粒脱粒不彻底，机械收割宜在露水干后进行，以降低损失率。油菜具有无限开花结角的习性，植株各部位的角果成熟时间极不同步，为降低机收损失，可进行药剂催熟角果。在机收前5~6d，用40%乙烯利350mL/亩喷雾，待油菜植株和角果全部转为琵琶黄色后进行机械化收获，落籽损失可以减少到8%以内。

第二节　双低油菜“一菜两用”栽培技术

双低油菜从菜苗到菜薹均可作为蔬菜食用，味道甜美、营养丰富。尤其是在春节前后采摘一次油菜薹，可解决春节前后蔬菜供应相对较紧张的问题，又可利用双低油菜分枝能力强的特性促发1次、2次分枝，对产量没有影响甚至有增产作用，实现一种两收，大幅度提高油菜种植经济效益。在城市周边、蔬菜物流发达和有蔬菜保鲜加工配套设施的地区，示范推广菜油两用技术。

一、选准推广品种

生产上一般选择高纯度的双低油菜种源，才能保证菜薹和菜籽的高品质与高产量。因为菜薹的品质决定于硫甙含量的高低，硫甙含量越高，菜薹味道越苦涩；硫甙含量低，则菜薹脆甜可口，口味纯正。菜籽的品质则与芥酸和硫甙两因子呈正相关，含量越高，品质越差，而纯度越高、代数越低的优质油菜种子，芥酸和硫甙的含量就越低，就越适宜于作“一菜两用”的种源。同时，油菜各个品种之间的生育特性存在明显的差异，作为“一菜两用”技术的备选品种，还应该是苗薹期生长势强、易攻早发、生育期偏早、具备再生能力强、恢复性能好的品种，这样的品种能在较短时间内从叶腋中多生长出第1次分枝，第1次分枝生长越早，第2、第3次分枝就越多，构成产量的角果数就越多，才能在获得较高油菜薹产量的同时，兼顾油菜籽的高产。

二、抢早培育壮苗

苗床要土质好、排灌方便、地势平，苗床与大田比例为 1：(5~6)，结合整地，施腐熟有机肥 5 t/亩，复合肥 20~25kg/亩，硼砂 1kg/亩，开好厢沟，厢宽 1.5m。为了使菜薹提早到春节前后上市，8 月下旬至 9 月上旬抢墒抗旱育苗，播种 0.4kg/亩，分厢定量播种，稀播匀播。用竹扫帚或其他工具在厢面扫 1 遍浅盖籽粒，用稻草或花生禾等覆盖物覆盖保墒，浇透水。播种 4~5d 后揭草，当看到油菜苗出土时及时揭草以免形成线苗。1 叶 1 心时间苗，疏理窝堆苗、拥挤苗，以苗不挤苗为宜。3 叶 1 心时定苗，留足 100~120 株/m^2，苗距 5~8cm，以叶不搭叶为宜，剔除异品种，去小留大，去弱留强，去病留健。3~6 叶期用 15%多效唑可湿性粉剂 15~20g/亩兑水 750kg 均匀喷雾于菜苗上，培育矮壮苗，切忌重复喷雾。久干无雨或苗受旱时，于晴天早晚浇水保墒。定苗后施尿素 2.5~4.5kg/亩，雨天可撒施，晴天结合抗旱加水追施。苗床期气温较高，病虫害发生较普遍，出苗后每隔 3~7d 用 10%吡虫啉水分散粒剂 800 倍液喷雾，或用氯氰菊酯、速灭杀丁或杀虫灵 50mL/亩+Bt 50g/亩，或用克虫星 50mL/亩等兑水 750kg 防治蚜虫、菜青虫、小菜蛾、黄曲跳甲等害虫。病毒病、茎腐病等病害，可用灭菌威粉剂 30g/亩兑水 50kg 喷雾。

三、抢早移栽

于 10 月中旬前移栽，移栽时确保单株绿叶 7 片以上。拔苗前苗床墒情要足，移栽前 1d，苗床要浇水润土，以免起苗时伤根；大小苗分级拔，先拔大苗，秧苗要求矮壮青绿色、叶片厚、无病虫；带土拔苗；当天拔苗当天栽。大田要精整，土要细、田要平、厢要窄、沟要深。大田总施肥量以氮：磷：钾为 1：0.5：0.7 为宜。亩施纯氮 20kg、五氧化二磷 12kg、氧化钾 14kg、硼砂 1.5kg。或施碳酸氢铵 65kg、过磷酸钙 45kg、氯化钾 10kg、硼砂 1kg，并加施充分腐熟的猪牛栏粪等土杂肥 3~4 t/亩。或用氮、磷、钾三元素复合肥（20-10-18）50kg，硼肥 1kg 混合施人大田。移栽时要推广“四个一”，即 1 个穴、1 棵苗、1 捧多元复配杂肥压根、1 瓢水定根。

四、控制适宜群体密度

移栽密度是保证“一菜两用”技术成功的重要因素。根据试验观察，密度越大，油菜摘薹量越高，对油菜籽产量影响越大。因此，要兼顾摘薹量和油菜籽产量，结合大田肥力条件和前茬因素，合理安排密度。确定密度，肥力高的玉米田按 7.5 万株/hm^2 移栽，中等肥力的为 9 万株/hm^2，肥力差的花生田块为 12 万株/hm^2。苗要栽稳，行要栽直，苗间距要匀，根部要按紧，不能将苗栽得过浅或过深，培土到子叶节。边移栽边浇足活根水。苗活后施尿素 60~75kg/hm^2 或碳铵 150kg/hm^2，15d 后再施尿素 75kg/hm^2 或碳铵 210kg/hm^2 促苗，为促发分枝留下合理空间。

五、田间管理

双低油菜“一菜两用”技术田间管理，要在搞好中耕、除草、防虫治病和及时排渍抗旱的基础上，重点是适量增加肥料，在总体施肥水平上强调较常规技术增加 10%以上用量。并按底肥足、苗肥适、腊肥优、薹肥早、采薹前补肥的原则科学肥水运筹。底肥以有机肥为主，优质复合肥为辅，施精土杂肥 22.5kg/hm^2 或饼肥 1.2~1.5 t/hm^2，优质复合肥 525~600kg/hm^2，持力硼 3.0~4.5kg/hm^2。苗肥在油菜活棵后施用，施尿素 90~120kg/hm^2 促早发，薹肥于 12 月底前冬至前后施下，施尿素 105~135kg/hm^2，压土杂肥 45 t/hm^2 以上。摘薹前一周补施尿素 75kg/hm^2 左右，促进腋芽分化发育。

六、病虫害综合防治

在病虫防治上，以综合防治为主，禁止使用剧毒化学农药，提倡使用生物农药和低毒无残留新型农药，尽量减少化学物质的残留。

由于采摘菜薹后基部分枝，且 2 次分枝数极多，有利于菌核病发生蔓延。为此，从油菜盛花前开始，进行统一防治，考虑到田间分枝多、人难下田的实际困难，采取 1 人在前用 2 根竹竿分厢，1 人在后喷药的方法，提高防治质量，使菌核病发病率降低到 3%以内。

七、严格采摘标准，成熟收获

为保证菜薹鲜嫩可口和兼顾菜籽产量，采摘时一定要按下列标准严格掌握：薹高达到 30~35cm 的为最佳采摘时期，摘取主茎顶端 15cm 左右的菜薹作蔬菜，保证茎基部留有 10cm 高度的腋芽发育生长空间。做到“薹不等时、时过不摘”，最迟摘薹期不超过 2 月 10 日。摘薹后视油菜长势，每亩追施 3~5kg 尿素和 2kg 钾肥，促进分枝生长。

每株平均达到 5 个以上的 1 次分枝。一般摘薹 200kg/亩，油菜籽产量比未摘薹的油菜不减产乃至略增产。摘薹时要先抽薹先摘，后抽薹后摘，切忌大小一起摘。油菜摘薹后 20d 内，油菜生育期表现出相当大的差异，随着时间的推移，生育期逐渐减小差距，直至成熟时，摘薹的油菜较未摘薹油菜的生育期最多推迟 2~3d，因此摘薹油菜应推迟 3~4d 收割，以保证油菜籽的成熟度。

在城市周边、蔬菜物流发达和有蔬菜保鲜加工配套设施的地区，示范推广菜油两用技术。采用优质高产早熟油菜品种，适期早播早栽，合理密植，增施基肥和苗肥，促进油菜早发。在油菜薹高 30~40cm 时期，摘取主茎顶端 15cm 左右的菜薹作蔬菜，每亩可采收菜薹 200kg 左右。

第三节　观光油菜栽培技术

观光油菜除具有传统的经济价值外，还有着其他农作物所没有的观赏价值，种植时将不同熟期、不同花色品种分区域规模化种植，这样既可延长花期，增加旅游收入，也可收获商品菜籽，一举两得，大幅度提高观光油菜种植的经济效益。

一、选好品种

结合栽培地的气候条件、当地土壤肥力水平和生产情况，应选择抗逆性强、花期偏长、花色鲜艳、株高适中、不同熟期的高产稳产品种。

观光油菜要求选择花期偏长（花期大于等于35d）、花色鲜艳的高产稳产品种。要注意品种搭配，进行早、中、晚熟品种搭配，同一品种连片规模化种植。直播油菜一般播期较晚，宜选用发苗快、耐迟播、产量潜力高、株型紧凑、抗病抗倒性强的双低油菜品种，如杂双5号、双油8号、双油9号、豫油4号、豫油5号、郑杂油2号、秦油2号等品种。

油菜对播种季节反应比较敏感，播种期的确定是油菜栽培技术的关键技术。油菜发芽、出苗和发根、长叶均需要一定的温度条件，发芽适温需要日平均温度15~23℃，幼苗出叶也需要11~16℃以上才能顺利进行。

二、适期早播

播种前要精选纯净、优质、粒大的种子，并且晒种1~2d结合土壤施药。直播油菜适播期为10月上旬，最好不要晚于10月20日。越冬前叶片数要达到7~12片。根据前茬作物收获时间，宁早勿晚。

三、合理密植

播种后早间苗、定苗，每亩适宜种植密度为1万~1.2万株，晚播和旱薄地可加大种植密度，每亩种植1.5万~2.5万株，每亩播种0.3~0.5kg。早播、套种、肥力较高的田块可适当稀植。

四、科学施肥

“三追不如一底，年外不如年里”。油菜施肥要按照“底肥足，苗肥轻，腊肥重，薹肥稳，花肥补”的要领。一般要求基肥以长效肥和速效肥混施，每亩施粗肥1 000~1 500kg、复合肥30kg、尿素

5kg、硼砂 1kg。施肥 2d 后，每亩用 5kg 尿素或油菜专用复合肥与种子混匀同播。花期结合病虫害防治，每亩喷洒 0.2%的磷酸二氢钾溶液 50kg。

五、及时间苗定苗

苗后要及时间苗，做到 1 叶疏苗、2 叶间苗、3 叶定苗。3 叶期可喷施多效唑防止高脚苗，可每亩用 15%多效唑可湿性粉剂 50g 加水 50kg 喷施。在 2~3 叶期时要及早间苗，主要去除丛籽苗、扎堆苗以及小苗、弱苗，同时检查有无断垄缺行现象，尽早移栽补空。

4~5 叶期后，根据田间苗情长势和施肥水平，适当定苗，一般每亩密度控制在 1.5 万~2 万株。

六、化学除草

在播种前每亩用 41%农达水剂 300mL 兑水 30kg 或乙草胺 80~100mL 兑水 15~20kg 进行地表喷雾除杀，或者在 11 月中下旬前，日均温度在 5~8 ℃，3 叶期前后每亩用 12.5%的盖草能乳油 50mL 或 10%高特克乳油 150mL 兑水 30kg 喷防，可分别防治禾本科杂草和阔叶杂草。

七、防冻保苗

在 6~7 片真叶期喷施多效唑以增厚叶片，抑制根茎延伸，增强抗冻能力。

在 12 月上中旬进行中耕培土，防止根茎外漏受冻。

进行冬灌，但田间不能积水，浇后及时中耕保墒。

八、防病治虫

油菜主要病虫害有菌核病、猝倒病和蚜虫、菜青虫、黄曲跳甲等。其中以菌核病发生普遍，危害最大。防治上以防为主，除采取轮作、种子处理，做好清沟排渍、降低湿度等措施外，一般在初花期及盛花期用 40%菌核净可湿性粉剂 1 000~1 500 倍液或 50%多菌灵可湿性粉剂 300~500 倍液喷施，每次每亩可喷洒药液 80~100kg。对感病品种和长势过旺的田块应在第 1 次施药后的 1d，施好第 2 次农药。

九、适时收获

适时收获是油菜生产的重要环节。油菜终花后 30d、主轴角果 80%转为黄色、种皮呈现固有色质、种子不易捏烂时是油菜收割的最佳时期，要及早抢晴收割。

十、注意事项

注意油菜不同品种统一规模化种植，不能插花种植。

控制油菜的密度和播期，首播密度太稀不能保证产量，密度太高花期又太集中。

开花后期喷施磷钾肥，但要注意肥水控制，既要防止发生贪青迟熟倒伏，也要防止早衰。

第四节　油菜覆草免耕拓行摆栽保护性耕作技术

一、形成条件与背景

水稻—油菜轮作是长江下游重要的种植模式，但此种植模式在油菜生产环节费工费时，随着近年来社会经济的发展和农村劳动力大量向非农产业转移，水稻—油菜种植面积呈逐年下降趋势。在传统稻茬油菜移栽种植过程中，首先要移走水稻秸秆，然后经整地后移栽油菜，用工量多、劳动强度大。因此. 研究油菜生产过程中的省工节本栽培技术，是实现水稻—油菜种植模式高产高效，稳定油菜生产面积的重要措施之一。

二、关键技术规程

（一）覆草免耕拓行摆栽

为获得高产，稀播、匀播，培育矮壮苗，秧田与大田按 1∶6 的比例准备，常规育苗，培育矮壮苗。适时移栽，适宜移栽株距 15～18cm，行距 60cm 左右。

具体操作方法：

（1）做畦。移栽前将第一畦的稻草搂起，放在田边，然后按畦宽 90cm，畦沟宽 30cm 的规格作畦。

（2）取土。将畦沟里的土按 15cm 的标准分别放在畦沟边缘，尽量保证土的块状结构。

（3）施肥。在做好的畦面上施入基肥。

（4）移栽。将油菜苗排在畦边的土块边，间距 15～18cm，使油菜根部贴于土面，然后用小土块压住根部。

（5）覆草。将第二畦的稻草覆盖在移栽好的第一畦中间。

（6）清沟覆土。将畦沟土取出均匀覆在稻草上，沟深 20cm 以上。

（二）松土清沟

结合春肥措施，进行松土壅根，防冻保暖，以泥灭草。春后雨水较多，应及早清理沟系，防止淤泥堵塞，保持“三沟”畅通。

（三）合理肥料运筹

基苗肥一次施入，在稻草覆盖前每公顷施 48%复合肥 225～300kg、尿素 150～225kg、硼砂 15kg。及时施蕾苔肥，每公顷施尿素 150kg、48%复合肥 225kg，3 月中旬看苗巧施淋花肥，每公顷施尿素 60kg，保粒增重。

（四）病虫草害防治

因覆草后杂草为害较轻，可省去化学除草。在油菜盛花期每公顷用 22%克菌灵 2 250g 加 10%一遍净 20g，兑水 750～800kg 喷雾，防治菌核病和蚜虫。

三、技术模式应注意的问题

油菜移栽后应及时开沟。油菜的一生对水分特别敏感，油菜移栽活蔸阶段，干旱天气容易凋萎枯死，多雨时往往产生烂根死苗。

要施足基肥。肥料的施用应以基肥为主，追肥为辅，看苗势施苗肥，必要时施用硼肥。

精心移栽。采用向阳沟移栽，即移栽沟东西向，有利于保暖防冻。移栽时做到“全、匀、深、直、紧”，根部全部入土中，苗根直，压紧土，随即浇好活棵水。

第十三章　马　铃　薯

第一节　马铃薯大棚栽培技术

传统的马铃薯栽培有春秋两季，其中春季一般2—3月播种，5—6月采收；秋季8—9月播种，11月采收。但随着大棚等栽培设施的发展，一些地区利用大棚进行马铃薯冬季栽培，取得了良好的效果。

一、生长发育对环境条件的要求

（1）对温度条件的要求。马铃薯原产南美高山地区，喜冷凉的气候。种薯在4~5℃时可开始发根，5~7℃即可开始发芽，但非常缓慢，10~12℃以上幼芽生长迅速且健壮，以18℃生长最好。在高温下播种，马铃薯一般先发芽后生根；而在低温下播种，则先长根后发芽。马铃薯茎叶生长的适宜温度为17~21℃，并以20℃左右最为适宜。7℃以下时生长停止；温度降至-1℃时往往使植株受冻而死亡；温度在25℃以上时，植株生长受到明显影响；在30℃左右，地上部分生长停止，基叶变细，叶面积缩小，基叶枯黄。马铃薯块茎的膨大需要较低的温度，最适宜的土温是16~18℃，当土温为22℃时，块茎生长缓慢，25℃时块茎几乎停止膨大，当土温达30℃左右时，块茎完全停止生长。

（2）对光照条件的要求。一般来说，马铃薯是喜光蔬菜，在生育期间，若长期光照不足或种植于过于隐蔽缺光的地方，茎叶容易徒长，延迟块茎形成。在长日照条件下，茎叶、花果及匍匐枝都生长较快，而短日照有利于块茎的形成。所以，马铃薯茎叶生长对光照时间长短的要求与块茎形成时的要求不同。但经过长期的人工选择，目前已形成对光照适应性较广的品种。一般早熟品种对长日照反应不敏感，晚熟品种对短日照条件要求较高。

（3）对水分条件的要求。生产上马铃薯采用无性繁殖，从播种到出苗可利用薯块中储存的水分，所以有一定的抗旱能力。发芽后如果土壤缺乏水分，则对植株的生长有不良影响。发棵期土壤湿度应维持在田间持水量的70%~80%，促使茎叶旺盛生长，但即将转入结薯期时应适当控制水分，土壤湿度应由80%降低到60%。结薯期要求土壤水分充足且供应均匀，此期要求土壤湿度达到80%~85%，结薯后期则应控制土壤水分，以免因土壤水分过多导致块茎腐烂。

（4）对土壤和营养的要求。马铃薯对土壤的要求不严格，但以土层深厚、质地疏松、排水通气良好、富含有机质的沙壤土最为适宜。疏松肥沃的土壤是保证马铃薯根系发育和块茎膨大的重要条件。适宜的土壤酸碱度 pH 值为 5.5~6.5。在碱性土壤中则易发生疮痂病。马铃薯在全生育过程中，对营养元素的吸收以钾最多，其次是氮和磷。养分供应状况对马铃薯的产量和品质影响较大，氮素充足时，茎叶生长繁茂，块茎的蛋白质含量也高，但氮肥过多，易导致徒长、成熟延迟、品质下降；磷肥充足，有利于提高块茎品质和储藏性，若磷肥少，则植株小、叶柄和叶向上直立生长、淀粉积累减少；钾可以促进块茎中养分的积累，增强抗病力，缺钾则导致植株节间缩短，叶面积缩小。

二、大棚马铃薯早熟栽培技术

（1）品种选择。冬季大棚栽培的马铃薯要求块茎休眠期短、块茎形成早、结薯集中、株型小及茎直立等。目前在大棚马铃薯栽培上比较理想的品种有：张薯 1 号、东农 303、中薯 2 号、克新 2 号、克新 4 号等。

（2）种薯处理。为了保证发芽整齐，提高产量，播种前 10~15d 必须对马铃薯进行种薯处理。首先挑选无病种薯，剔除有病种薯和过小种薯（薯块 20g 以下），100g 以上的薯块需切成小块，每块至少带 2 个芽眼。为防止种薯带病传染，在播种前要进行消毒处理。

可用福尔马林溶液（40%的甲醛1份，加水99份配制而成）浸种20~30min，捞出后闷6~8h。其次，用赤霉素处理打破休眠，即整薯用5~10mg/L（5×10^{-6}~10×10^{-6}）的赤霉素浸种30min、切开的薯块用0.5~1mg/L（0.5×10^{-6}~1×10^{-6}）浸10min，晾干表面水分后置于湿沙土中催芽。一般一层种薯一层沙土，堆放2~3层，上部覆盖稻草并加盖薄膜，保持15~20℃的温度（温度不可超过25℃，否则容易腐烂）。沙土应干湿适宜，掌握在手捏成团、撒手即散的原则，严禁湿度过高和积水。人工催芽过程中，每5~7d检查一次，剔除腐烂的种薯。一般10d后就能出芽。芽长1~2cm左右将种薯取出，在有光的地方放置3~5d，使芽变绿、粗壮，然后播种。

（3）整地施基肥。马铃薯应严格轮作（与茄果类、马铃薯轮作2~3年），并避免碱性土栽培，以免发生疮痂病，宜选择土层深厚、疏松肥沃、排水良好的微酸性，pH值为5.5~6.5的沙壤土。播种前10d左右，应扣好棚膜，整地做畦施基肥，为马铃薯根系的生长和块茎的膨大创造良好的条件。

一般每个标准大棚做4畦，畦宽1.5m（连沟）、畦高25~30cm。由于早熟马铃薯生长期短，播种密度高，且覆盖地膜栽培后不便追肥，因此在播种前应一次性施足基肥。可采用集中沟施或整地前撒施，每个标准大棚施有机肥700~1 000kg、复合肥15~20kg、硫酸钾13~17kg、过磷酸钙10kg。

（4）播种。播种期应根据当地实际情况灵活掌握，一般长江以南地区可10月中旬至11月中旬播种，长江以北地区可延迟20~30d。每个标准大棚用种量为50~70kg。株行距为25cm×30cm，每个标准大棚1 700~2 000株。经过预处理的种薯芽长1~2cm时即可播种，可穴播或开沟播种。播种后覆盖草木灰或其他质地疏松的面肥（如砻糠灰与田土的混合物、木屑），然后喷除草剂，并覆盖地膜。

三、田间管理

（1）破膜引苗。播种2~3d后，要经常检查，当有30%左右出苗时应及时破膜引苗。破口要小，周围用土封口。

（2）温度管理。播种后应密闭大棚，出苗后，若外界气温较低，最好搭小拱棚进行多层覆盖，或用遮阳网、无纺布浮面覆盖。白天大棚内温度在20℃以上时应进行通风降温。在12月以后，外界气温降低到0℃左右时更应注意多层覆盖，做到朝揭夜盖。

（3）生长调控。冬季马铃薯栽培上，在施足基肥后一般不再追肥，保持适宜的土壤湿度即可。但在生长期间有时会出现茎叶过度旺盛的情况，这时为协调地上部分生长与块茎膨大的关系，可用50mg/L（5×10^{-5}）烯效唑或用100mg/L（1×10^{-4}）多效唑叶面喷洒。

（4）肥水管理。冬季栽培马铃薯一般不进行追肥，如植株生长缓慢，出现明显缺肥情况，可进行叶面追肥，用0.35%磷酸二氢钾每7~10d喷一次，连续2次。如果能在进入结薯期喷施1 000倍的植物动力2003，则可明显提高薯块产量。在水分管理上，应根据土壤湿度情况灵活掌握。由于采用地膜覆盖栽培，加上此时温度较低，一般不会出现水分不足问题。若需要补充水分（特别是进入结薯期后），可适当浇水或沟中淌水，水分的补充必须在晴天中午进行，并加强通风降湿。结薯后期，则应控制水分，防止土壤水分过多。

（5）病虫害防治。马铃薯生长期间的主要病害是病毒病、青枯病、晚疫病、灰霉病等，虫害主要是蚜虫、小地老虎、蝼蛄、二十八星瓢虫等，应及时防治。

（6）及时采收。马铃薯的采收期应根据市场行情、块茎大小及消费喜好灵活掌握。冬季栽培的马铃薯一般在元旦开始即可连续采收，并通常在3月中旬结束。产量因品种及采收期而有较大的差异，一般为500~1 500kg。

第二节　地膜覆盖栽培技术

一、做好播前准备，适时播种

地膜覆盖，可提前10d左右播种，提前10~15d收获，利用地膜覆盖种植马铃薯效果显著。田间管理的重点是提高地温保墒。土地解冻后，视土壤墒情灌水、深耕，疏松土壤，提高土壤蓄水保肥和抗旱能力，为根系发育和薯块膨大打好基础。施足底肥，农家肥和化肥混合施用，每亩需用农家肥 1 500kg 和磷酸二铵 25~50kg。施肥后整地、盖地膜以提高土壤温度。

二、选用良种，做好播前催芽

首先要因地制宜选用合适的品种，针对地膜覆盖早种早收栽培，应选用结薯早、块茎前期膨大快、产量高、大中薯率高的优良早熟品种，其次必须应用脱毒种薯，保证优良品种高产。播种前 1 个月左右，将窖藏种薯取出放在 15~18℃下催芽暖种，发壮芽。早播需催大芽，以促早发根、早出苗、早齐苗、早发棵、早结薯、获高产。大种薯在播前 4~7d 切块以减少播种量，并在切块过程中淘汰带病种薯。每个切块以重量不少于 25g、带 1~2 个芽为宜，切后用草木灰或干沙土拌薯块，使伤口收水，防止播种后种薯腐烂而影响出苗。地膜覆盖栽培，宜浅播，播后覆土厚度以 6~8cm 为宜。应用 90cm 幅宽地膜，先覆膜后打孔双行播种。行距为双行间 60cm，单行间 20cm，株距以 25cm 为宜，早熟品种因植株瘦小，宜密不宜稀。

三、加强田间管理

田间管理要点为前期中耕除草、追肥、培土，后期注意灌水排水，防治病虫害。

（1）苗期管理。一般播后 20~40d 出苗。出苗后 15~20d 开始现蕾，这一时期为幼苗期。早熟品种幼苗期时间极短，田间管理的重点是壮苗促棵、早管理。齐苗后，即结合中耕除草，进行第 1 次浅培土。苗高 15~20cm 时适当干旱，以后及时浇水，有利于根系发达。

（2）结薯期管理。从现蕾期到初花期为结薯期。此时的管理重点为多次中耕除草培土，及时追肥灌水。培土应加高加厚，以免块茎外露变绿而影响品质。另外，此时气温已高，应培土遮盖地膜以免土壤温度过高而影响结薯。此间，田间不能缺水，应及时浇水。视苗情结合浇水，早施、少施或不施追肥。

（3）薯块膨大期管理。从初花开始到植株枯黄为薯块膨大期。此时的管理重点为充分满足水肥需求。封垄前再次进行中耕培土。及时浇水，保持土壤湿润，以保证高产，同时防止因土壤温度过高而产生二次生长，形成畸形薯影响商品性，但要禁止漫灌。

四、及时收获，增加经济效益

为了获得较高的经济效益，可采用“偷蛋”的方法，提前收获一些大薯块，补充春季蔬菜淡季。但要注意在取得大薯块的同时，尽量少伤根系，不伤幼小薯块并及时覆土。综合考虑市场价格和产量确定收获时间。

第三节　加工用马铃薯栽培技术

马铃薯的内外部质量都易受环境的影响，在栽培过程中施肥、病虫害防治、生长季节的长短也都对马铃薯的加工品质有着重要的影响。

一、因地制宜，选用适合加工用的优良品种

根据生产的加工薯种类和栽培地区的种植条件以及气候特点选择适应性强、抗病性好的专用加工品种。种薯必须纯度高，健康不带病，薯块均匀一致且无严重的机械创伤，储藏良好，生理年龄适中，没有腐烂和过分萌芽，结薯早，茎块前期膨大快，休眠期短。易于催芽秋播的早熟或中熟加工用品种应选择在二季作地区种植，耐旱、休眠期长的中晚熟或晚熟加工用品种应选择在一季作地区种植。实践中，加工品种多为中晚熟或晚熟品种。

二、做好播前准备，适时播种

（1）深耕整地，及时播种。选好种植地块，在前茬作物收获后及早深耕，深度在40~50cm，开春后再松耕，深度在25~30cm，松耕后平播种。一般沙壤土宜深耕，黏土地不宜深耕。掌握好播种日期是加工用薯优质高产的重要因素，如播期过早加之不用地膜，会因地温较

低而影响全苗；相反，播期过晚会因生育期不够而影响产量。一般当土壤墒情（田间持水量60%~80%）较好时，土壤10cm深处地温稳定在7~8℃以上时用整薯播种。砂性土壤可略早播。播种深度与一般商品薯生产要求相同。播种密度由品种、种薯大小、生产用途和环境条件决定。炸片加工用薯要求薯块大小中等而均匀，密度应略高：而炸条薯要求大薯率高，种植密度应低于商品薯和种薯。

（2）平衡施肥。适当多施磷、钾肥，适施微量元素肥料，如有条件，种植前可对土壤进行pH值、有机物、氮、磷、钾、锌、硫、镁、锰、铷、铁、钼、钙肥等取样测试，并根据测试结果，确定需要施肥的种类和施肥量。施肥要注意营养平衡，以免引起营养元素之间的拮抗作用，影响营养吸收。一般情况下，对于正常的土壤，肥料中氮、磷、钾的比例应为1：1：2。适施氮肥，若氮肥过量，会引起植株徒长，使块茎的形成和发育延迟，易产生小薯、畸形薯和裂薯，干物质含量降低，严重影响加工品质；还因推迟成熟，易感晚疫病、疮痂病。磷可增强植株抗病性，促进适时成熟。磷肥可在生长季节中随灌溉水施入土壤，但必须完全溶解。钾对马铃薯的加工品质如干物质含量、黑斑、储藏、油炸颜色等有重要影响。适当多施钾肥可以减少薯块黑斑和空心，但钾肥过量会导致比重降低。钙可以调节土壤结构，保持土壤合适的pH值，对增加大薯率、减少细菌性软腐病等有重要的作用，但钙过量，会引起疮痂病。微量元素镁、锌、硼可减少薯块黑斑。

（3）适时灌溉。灌溉的次数和相隔时间长短应随生长季节的变化而变化。加工用薯生产田的灌溉要适时适量，在薯块膨大期要均匀供水，始终保持田间湿润，土壤的湿度不应低于田间持水量的65%，否则水分供应不好，会引起裂薯、内部坏死、黑斑、空心等问题。

第四节　马铃薯膜下滴灌栽培技术

一、选地与合理轮作

选择疏松、平坦、通透性好的轻质壤土或沙壤土地，土壤酸碱度 pH 值在 5.6~7.8 范围内。

二、整地

深耕 30cm 左右，旱地要随耕随耙耱、精细整地。

三、集中施肥

基肥要结合秋耕整地施入优质有机肥，基肥充足时，将 1/2 或 2/3 的有机肥结合秋耕施入耕作层，其余部分播种时沟施。基肥用量少时，集中施入播种沟内，每亩 2 000~4 000kg。用化肥作种肥，以氮、磷、钾配合施用效果最好，一般每亩用尿素 5~10kg、过磷酸钙 30~45kg、硫酸钾 25~30kg。

四、种薯处理

种薯在播前 15~20d 出窖进行严格挑选。

五、晒种催芽

将精选好的种薯摊放在温暖向阳的室内，温度保持在 15℃左右，每隔 3~5d 翻动一次，一般 10d 左右待芽萌发后再精选一次。

六、切种

播前 2~3d 进行，切块大小以 50g 为宜，每个切块至少带 1~2 个芽眼。

七、适时播种

土壤 10cm 深处地温稳定在 7~8℃以上时可以播种，注意先覆膜后打孔。

八、增加种植密度

亩种植密度为 3 000~3 500 株，大行距 75~80cm，小行距 30cm。

九、播种深度

平作土壤墒情好的浅一些 5cm 左右，墒情不好的 8～10cm。

十、出苗前管理

播后常检查，发现地膜破损的及时用湿土封固压实。及时进行膜间中耕除草。

十一、查苗放苗

出苗期间要关注出苗情况，锄尽垄背杂草，拔除垄眼杂草。

十二、中耕培土

在整个生育期进行 2～3 次中耕，第二次中耕可在苗高 10cm 时进行，第三次在现蕾期结合培土进行。结合中耕锄草，拔除感病植株，注意不要把土培到膜下毛管上，在浇水时进行中耕培土较好。

十三、适时浇水

栽培在肥沃的土壤上，每生产 1kg 马铃薯耗水 97kg；栽培在贫瘠的沙质土壤上，每生产 1kg 马铃薯需耗水 172. 3kg。

十四、追肥

现蕾期结合灌溉每亩追施硫酸钾 10kg、尿素 10kg。块茎膨大期根据长势每亩可追施尿素 5kg，现蕾期和开花初期喷施多元微肥 200g/亩，开花盛期喷施磷钾肥。

十五、适时收获

当大田 70%的植株茎叶枯黄后，即马铃薯已正常成熟时收获。收获前要先把毛管等回收并妥善保存。

第十四章　甘　　薯

第一节　黑地膜覆盖栽培技术

黑色地膜覆盖栽培甘薯能改善整个田间土壤小气候和甘薯生长发育的环境，保水增温，有利于克服无霜期短、早春低温干旱等不利因素的影响，可解决透明地膜覆盖草害严重、薯块细长的问题，是大幅度提高甘薯产量的有效措施。

一、甘薯覆黑地膜的效果明显

（一）保温增温

黑地膜覆盖甘薯后，土壤能更好地吸收和保存太阳辐射能，地面受光增温快，地温散失慢，起到保温作用，为甘薯生根和生长打下了良好基础。

（二）调节土壤墒情

由于黑地膜的阻隔，可以减少土壤水分的蒸发，特别是春旱较重的年份，保墒效果更为理想。进入雨季，覆膜地块易于排水，不易产生涝害。遇后期干旱，覆膜又能起到保墒作用。

（三）增加养分积累

覆盖黑地膜后，土壤温度升高，湿度增大，微生物异常活跃，促进了有机质和腐殖质的分解，加速了营养物质的积累和转化。

（四）改善土壤物理性质

黑地膜覆盖栽培土壤表面不受雨水冲击，故土壤始终保持疏松，既有利于前期秧苗根系生长，又有利于后期薯块膨大。

（五）防治病、草为害

甘薯线虫病是甘薯生产上的一种毁灭性病害，目前药剂防治效果不够理想，而覆盖黑膜后可利用太阳能，提高土壤温度，杀死线虫，防病效果好，又不污染环境。同时黑地膜透光性差，可抑制杂草生长，减少除草用工，避免杂草与甘薯争夺肥水和空间等。

（六）促进甘薯根、茎、叶的发育

黑地膜覆盖比露地栽培的甘薯发根早 4~6d，根系生长快，强大的根系从土壤中吸取更多养分，为植株健壮生长和薯块形成、膨大奠定基础。黑地膜覆膜栽培由于条件适宜，长势旺，甘薯的分枝数、叶片数、茎长度、茎叶鲜重均比露地栽培增加 50%以上。

（七）增产显著，品质提高

甘薯覆盖黑地膜后，薯秧生长快，薯块增产 50%以上，并提高了大薯比率和淀粉含量。

二、黑色地膜覆盖栽培技术要点

（一）整地施肥

深翻整地，改善土壤通气性，扩大甘薯根系分布范围，提高对水分和养分的吸收能力。结合整地施有机肥 6.0 万 kg/hm^2，复合肥 750kg/hm^2，最好施用硫基富钾复合肥，起垄种植。

（二）适时早栽

为了充分发挥地膜的作用，有效利用早春低温时的盖膜效果，做到适时早栽，一般可比露地早栽 8~10d。

（三）栽秧盖膜

一般采用先栽秧后覆膜。方法是先把秧苗放入穴内，然后逐穴浇水，水量要大，待水渗完稍晾后埋土压实，并保持垄面平整，第 2d 中午过后，趁苗子柔软时盖膜，这样可避免随栽随盖膜易折断秧苗现象。盖膜后用小刀对准秧苗处割一个“丁”字口，用手指把苗扣出，然后用土把口封严。

（四）加强田间管理

缺苗要及时补栽，力争保全苗。要经常田间检查，防止地膜被风刮破。以后发现有甘薯天蛾、夜蛾等虫害要及时进行防治。

第二节　甘薯配方施肥技术

甘薯是块根作物，根系发达，吸肥力强，其生物产量和经济产量比谷物类高，栽插后从开始生长一直到收获，对氮、磷、钾的吸收量总的趋势是钾最多、氮次之、磷最少。一般中产类型的甘薯，每生产1 000kg 薯块，植株需从土壤中吸收氮（N）3.5kg、磷（P_2O_5）1.8kg、钾（K_2O）5.5kg，三种元素比例为1∶0.51∶1.57。

施肥原则：甘薯生长前期、中期、后期吸收氮、磷、钾的一般趋势是：前期较少，中期最多，后期最少。施肥的原则是以农家肥为主，化肥为辅，施足基肥，早施追肥。甘薯属于忌氯作物，应该慎用含氯肥料如氯化铵、氯化钾等。

连续3年测土结果表明，多数农户栽植甘薯选择中下等肥力地块，土壤有机质含量在1%~1.3%，土壤中氮相对丰富，磷中等，钾缺乏。根据上述土样检测和调查结果，目前甘薯高产施肥推荐如下技术。产量指标：亩产2 500~3 000kg。地块选择：中上等肥力，机翻深度20cm左右，精细整地。施肥指标：优质农家肥3 000~4 000kg，化肥：46%尿素15~20kg或17%的碳酸氢铵40~54kg，14%过磷酸钙25~35kg，50%硫酸钾20~30kg。

施肥方法：尿素或碳酸氢铵的70%、硫酸钾的70%与全部过磷酸钙混合基施，余下的30%尿素或碳酸氢铵、30%硫酸钾在甘薯栽植后60d左右追施，可用玉米人工播种器追施。钾肥的选择，可用干草木灰每亩100~150kg，用时兑水喷洒。在甘薯薯块膨大期，可叶面喷施0.3%磷酸二氢钾2~3次，每隔5~7d喷1次。

第三节　甘薯化学调控技术

以食用甘薯为试验材料，进行大田试验，对比施用不同浓度多效唑和缩节胺效果。多效唑和缩节胺是新型的植物生长延缓剂，具有延缓植物生长，促进分薯，增强抗性、延缓衰老的特点。化控剂对甘薯各生育阶段的茎蔓生长和块根产量的影响结果表明：喷施多效唑和缩节胺，可显著增加甘薯分枝数、茎粗、绿叶数、缩短茎长和单株结薯数，提高块根中干物质的分配率，显著提高块根产量。综合甘薯产量指标，在该试验条件下，喷施多效唑 150mg/kg，对薯的增产效果最好，是适宜当地推广的模式。

多效唑和缩节胺均在夏甘薯封垄期（7 月 25 日）进行第 1 次喷施，以后每 15d 喷施 1 次，共喷施 3 次。

喷化学调控剂 5d 后开始取样，以后每 15d 取样 1 次。方法：取样区内随机选点，每个点选取 5 株，挖出块根、洗净，称鲜重，重复 3 次；块根切片，地上部分为叶片、叶柄和茎蔓，在 60℃ 下烘至恒重。收获期调查植株生长指标，并考察测产区内块根数量；以小区为单位称块根鲜重，计算平均单株结薯数和单薯重。

甘薯块根的形成和膨大与茎叶生长发育有密切的关系。已有研究表明，缩节胺对蔓和块根的干重分配百分率无影响，而用4 000mg/L、8 000mg/L 处理植株有降低蔓的长度和节数的趋势。试验结果表明，喷施多效唑和缩节胺，有效控制甘薯茎的徒长，增加了绿叶数、分枝数和茎粗，增加了产量。可见，喷施化学调控剂有良好效果，有必要对其在不同肥力条件下的施用技术继续进行研究。

大量研究表明，一定浓度的多效唑可有效抑制甘薯的营养生长，促进生殖生长，增加光合速率，提高根冠比，具有显著的增产作用。缩节胺在甘薯封垄期施用最佳，最适量为 $75g/hm^2$，缩节胺可抑制甘薯茎蔓的徒长，增加单株结薯数。刘学庆等研究表明，多效唑可显著增加甘薯分枝数，缩短茎蔓节间和叶柄长，减少营养生长能量消耗，利于建立合理群体，增加产量。试验结果表明，喷施多效唑和缩节胺可显著提高干物质在块根中的分配比率，增加产量。

因此，喷施多效唑和缩节胺对甘薯具有显著的增产效果。在试验条件下，喷施 150mg/kg 的多效唑增产效果最好，是适宜当地推广的模式。

第四节　甘薯套种芝麻技术

甘薯套种芝麻技术，是将芝麻套种于甘薯垄沟间，这是短生育期直立作物和长生育期匍匐作物间的搭配，可以充分利用空间、地力和光能，提高单位面积的综合产量和效益。甘薯套种芝麻通常对甘薯产量影响较小，每亩可收获芝麻30~40kg。技术要点如下。

一、正确选择套种方式，合理密植

甘薯起垄种植，垄宽一般70~80cm，一垄种植1行甘薯；每隔3垄甘薯，在甘薯垄沟间种1行芝麻，每亩留苗2 000~2 500株。

二、因地制宜选用适宜芝麻品种

选用株型紧凑、丰产性好、中矮秆、中早熟和抗病耐渍性强的芝麻品种，以充分发挥芝麻的丰产性能，减少对甘薯生育后期的影响。

三、加强田间管理

整地时施足底肥，每亩施氮磷钾复合肥30~50kg。起垄前，每亩用辛硫磷200mL，拌细土15kg均匀施入田内，防治地老虎、金针虫、蛴螬等地下害虫。春薯地套种芝麻通常在5月上中旬，麦茬、油菜茬甘薯套种芝麻通常为6月上中旬，甘薯封垄前要及时中耕除草、间定苗、培土。芝麻初花期每亩追施尿素3~5kg，增产效果明显。芝麻成熟后及早收割。

四、注意事项

甘薯垄背半腰间套种芝麻，要抢墒抢种，在种植甘薯的同时或之前种上芝麻。甘薯封垄后要注意清沟培土，防止渍害。为预防涝害，可将芝麻套种在甘薯的垄背中下部。

第十五章　谷　　子

第一节　麦茬直播谷子高产栽培技术

一、产地环境

选择地势平坦、无涝洼、无污染、有灌溉条件的地块。

二、播前准备

（1）小麦秸秆粉碎还田。用秸秆还田机切碎前茬秸秆，麦茬高度应控制 15cm 以内，秸秆切碎长度不超过 15cm，并做到麦秸抛撒覆盖均匀。

（2）造墒。播种前如墒情不足，应于小麦收获后浇地造墒。

（3）选择免耕播种机。选用可一次性完成破茬清垄、精量播种、施肥、覆土镇压等多项作业的免耕播种机。

（4）品种选择。选择适合当地条件的抗旱、抗倒伏、高产优质、适宜机械化收获的谷子品种。可选用豫谷 18、豫谷 19、冀谷 19 等。

（5）种子处理。

①晒种。播种前 10d 内晒种 1～2d，但防止暴晒，以免降低发芽率。

②精选种子。播种前对种子进行精选，用 10%盐水对种子进行精选，清除草籽、秕粒、杂物等，清水洗净，晾干。

三、播种

（1）播期与播量。小麦收获后及时播种，适宜亩播种量为 0.4～

0.6kg。根据土壤墒情、种子发芽率控制用种量，以不缺苗不间苗为宜。

（2）播种。播种行距一般为50cm，播种深度2~3cm。播种要匀速，保证破茬清垄效果，播种、施肥、镇压均匀。

四、施肥

（1）基肥。中等地力条件下，亩施氮磷钾复合肥（15-15-15）30kg做底肥。

（2）追肥。分拔节肥和花粒肥2次施用。拔节肥：拔节期结合灌水亩追施尿素10~15kg；花粒肥：灌浆初期叶面喷施0.2%磷酸二氢钾水溶液2次。

五、田间管理

（1）杂草防治。播种后出苗前可采用44%单嘧磺隆（谷友）100~120g/亩封地处理。抗除草剂品种采用配套除草剂化学除草。

（2）病虫害防治。

谷瘟病：发病初期用40%克瘟散乳油500~800倍液喷雾，或6%春雷霉素可湿性粉剂500~600倍液喷雾，每亩用药液40kg。

白发病：用25%的甲霜灵（瑞毒霉）可湿性粉剂按种子重量的0.3%拌种。

黏虫：高效、低毒、低残留的菊酯类农药，兑水常规喷雾。

玉米螟：播种后1个月左右（孕穗初期）用高效、低毒、低残留的菊酯类农药，兑水常规喷雾。

地下害虫防治：用50%辛硫磷乳油30mL，加水200mL拌种10kg，防治蝼蛄、金针虫、蛴螬等地下害虫及谷子线虫病。

六、机械收获

一般在蜡熟末期或完熟初期，此期种子含水量20%左右，95%谷粒硬化。采用联合收割机收获，可大幅度提高生产效率。

第二节　无公害高产高效谷子栽培技术

一、轮作倒茬和选地整地

谷子必须合理轮作倒茬，最好相隔 2~3 年。前茬以豆类最好。选择 pH 值在 7 左右的壤土，谷籽粒小，要求精细整地不怕谷粒小，就怕坷垃咬，说明精细整地的重要性。

（1）春播。前茬作物收获后，及时进行秋翻，秋翻深度一般在 20~25cm，要求深浅一致、平整严实、不漏耕。底肥可随秋翻施入。早春耙耢，使土壤疏松，达到上平下碎。

（2）夏播。前茬作物收获后，有条件的可以进行浅耕或浅松，抢茬的可以贴茬播种。

二、播种

种子质量：种子发芽率不低于 85%，纯度不低于 97%，净度不低于 98%，含水率不高于 13%。

种子处理：播前 10d 内，晒种 1~2d，提高种子发芽率和发芽势。用 10% 盐水进行种子精选，去除秕粒和杂质。清水洗净后，晾干。

精量播种：

（1）播期。春播：10cm 地温稳定在 10 ℃以上就可以播种。但也不宜过早，避免谷子病害发病严重。一般在 5 月上旬开始播种。夏播：前茬收获后应抢时播种，越早越好。争取 6 月底前完成播种。

（2）播量。建议使用精播机播种，亩用种量 0.4~0.6kg。墒情好的春白地 0.4kg 左右，贴茬播种 0.5~0.6kg。播种做到深浅一致，覆土均匀，覆土 2~3cm，适墒镇压。

（3）种植方式。行距 40~50cm，株距 3~4cm，每亩留苗 4 万~5 万株。

三、田间管理

（一）间苗、定苗

俗话说“谷间寸、顶上粪”，说明早间苗的重要，4~5 叶间苗、6~7 叶定苗，提倡单株留苗或小撮留苗（3~5 株），撮间距 15~20cm。中耕后进行一次“清垄”，拔去谷莠子、病株、杂株等。

（二）化学除草

每亩用 44%谷友可湿性粉剂 80~120g，兑水 50kg，播后苗前土壤喷雾，防除阔叶和禾本科杂草。

（三）中耕管理

幼苗期结合间定苗中耕除草。拔节后，细清垄，进行第二次深中耕，将杂草、病苗、弱苗清除，并高培土。孕穗中期进行第三次浅锄，做到“头遍浅，二遍深，三遍不伤根”。

（四）水分管理

全生育期谷子对水分需求量在 130~300m^3/亩，平均为 200m^3/亩。拔节期、抽穗期如发生干旱应及时灌水，灌浆期如发生干旱应隔垄轻灌。

（五）施肥管理

（1）施肥量。亩施腐熟的优质有机肥 1 500 kg 以上，施磷酸二铵 10kg 左右、尿素 10~15kg、硫酸钾 3~5kg。

（2）施肥方法。磷酸二铵和硫酸钾全部用做底肥，尿素 1/2 做种肥，1/2 做追肥，追肥时间为孕穗期中期。

（六）病虫害防治

谷瘟病：发病初期用 40%克瘟散乳油 500~800 倍液喷雾，每亩用量 75~100kg；或用春雷霉素 80 万单位喷雾，每亩 75~100kg。

白发病：用 35%的甲霜灵（瑞毒霉）可湿性粉剂按种子重量的 0.3%拌种。

黏虫：用高效、低毒、低残留的菊酯类农药，兑水常规喷雾。

玉米螟：播种后 1 个月左右（孕穗初期）用高效、低毒、低残留的菊酯类农药，兑水常规喷雾。

地下害虫防治：50%辛硫磷乳油按种子量 0.2%用量拌种或浸种，或用 50%辛硫磷乳油按 1L 加 75kg 麦麸（或煮半熟的玉米面）的比例，拌匀后闷 5 h，晾晒干，播种时施入播种沟内。

四、谷子收获

谷子以蜡熟末期或完熟初期收获最好，收获割下的谷穗要及时进行摊晒防止发芽、霉变。大片地块推荐施用谷子联合收割机收获。

第三节　杂交谷子栽培技术

一、杂交谷子品种

目前已育成“张杂谷 1、2、3、5、6、8、9 号”7 个品种，形成了适应水、旱地，春、夏播，早、中、晚熟配套的品种格局，基本覆盖了我国谷子适播区的所有生态类型。

张杂谷 3 号表现抗逆性较强，高抗白发病、线虫病。抗旱、抗倒、适应性强、适应面广、高产稳产、米质优、适口性好。

二、杂交谷子优势表现

作物杂种优势利用是提高产量的有效途径，杂交玉米、杂交水稻已成功地应用于生产。

杂交谷子的优势首先是产量高，经济效益显著，谷子杂交种比当地常规种普遍增产幅度达 30%以上，亩增产 100kg 以上，亩增收超过 260 元。其次，抗逆性、稳产性、适应性好，杂交谷子高抗白发病、黑穗病，适应范围广，产量年度间、地区间变化小，稳产性好，经推广证实是经得起检验的优良种子；再次，品质好，消费者认可，杂交谷子解决了高产与优质的矛盾。小米色泽黄亮，米型整齐一致，口感好，香味浓。“张杂谷 1、2、3、5 号”被粟类作物协会评为优质米，是消费者非常认可的杂交谷子；最后，抗除草剂，省工省力，杂交种除草、间苗可以通过喷施特定除草剂完成，节省用工，易于简化规模栽培，种植谷子同种植玉米一样省事。

三、杂交谷子栽培特点

杂交谷子的栽培措施除留苗密度和施肥与常规谷子不同外，其余栽培措施按照常规谷子操作即可。

（1）留苗密度。杂交谷子个体优势明显，为提高杂交谷子的产量，就要充分发挥个体优势，应该稀植栽培。经过近年的摸索和试验，杂交谷子春播品种的最佳密度在0.8万~1.2万株/亩，夏播品种的最佳密度在2万~3万株/亩。稀植栽培的好处有2点：一是留苗少了，可以直接用锄子间苗，节省了用工。二是用常规谷子2~3株的营养和水分供应1株杂交谷子所需，可以充分发挥个体生产潜力，也表现出了更好的抗旱性和抗倒性。

（2）施肥。作物产量是靠肥、水、光、热等换来的，对于种植在旱地的谷子，为提高产量，只能增加肥料的投入。杂交谷子具备了比常规谷子更高产量的潜力，相应的肥料投入也要比常规谷子多一些。提倡在定苗时结合中耕施肥5kg，拔节期结合中耕施肥10kg，孕穗期追肥10kg。

第十六章　高　　粱

第一节　高粱绿色增产模式

一、坚持良种优先模式

根据不同区域、不同作物和生产需求，科学确定育种目标。重点选育和推广种植高产优质、多抗广适、熟期适宜、宜于机械化的高粱新品种。

二、坚持耕作制度改革与高效栽培优先

根据不同粮食生产特点、生态条件、当地产业发展需求，选择合理的耕作制度和间作、轮作模式，集成组装良种良法配套、低耗高效安全的栽培技术。

三、坚持农机农艺融合优先

以全程机械化为目标，加快开发多功能、智能化、经济型农业装备设施，重点在深松整地、秸秆还田、水肥一体化、化肥深施、机播机插、现代高效植保、机械收获等环节取得突破，实现农机农艺深度融合，提高农业整体效益。

四、坚持安全投入品优先

重点推广优质商品有机肥、高效缓释肥料、生物肥、水溶性肥料等新型肥料，减少和替代传统化学肥料。研发推广高效低毒低残留、环境相容性好的农药。

五、坚持物理技术优先

采取种子磁化、声波助长、电子杀虫等系列新型物理技术，减少化肥、农药的施用量，提高农作物抗病能力，实现高产、优质、高效和环境友好。

六、坚持信息技术优先

利用遥感技术、地理信息系统、全球定位系统，以及农业物联网技术，建立完善苗情监测系统、墒情监测系统、病虫害监测系统，指导平衡施肥、精准施药、定量灌溉、激光整地、车载土壤养分快速检测等，实现智能化、精准化农业生产过程管理。

第二节　高粱绿色增产技术

绿色高粱生产要求生态环境质量必须符合 NY/T391 绿色食品产地环境技术条件，NY/T393 绿色食品农药施用准则，NY/T394 绿色食品肥料使用准则，且在生产过程中限量使用限定的化学合成生产资料，按特定的生产技术操作规程生产。

（一）选用早熟良种

按照订单生产的要求，选择生长期短，全生育期 100d 左右早熟品种，如鲁杂 7 号、鲁杂 8 号、鲁粮 3 号、冀杂 5 号、晋杂 11 号等。

（二）抢时早播

麦收后，抢时灭茬造墒，于 6 月上中旬播种，最迟不要超过“夏至”，以早播促早熟，此期温度高，一般 3d 左右就可全苗。播种不可太深，一般掌握在 3~5cm 即可。

（三）合理密植

高粱种植密度应以地力和品种不同而异。中等肥力地块一般每亩留苗 7 000~8 000 株；高肥力地块可亩留苗 8 000~9 000 株。株高 3m 以上的品种每亩可留苗 5 000 株；株高 2~2. 5m 以及以下的中秆杂交种，每亩可留苗 7 000 株左右，如鲁杂 8 号等；而像鲁粮 3 号等株高在 2m 以下的杂交种，每亩可留苗 8 000 株左右。

（四）以促为主抓早管

齐苗后及早间苗、定苗；定苗后要中耕灭茬，除草松土，促苗生长。追肥佳期有 3 个：一是提苗肥：一般定苗后亩追提苗肥尿素 7~8kg，过磷酸钙 15~20kg。二是拔节期肥。也就是 10 片叶左右时，亩追尿素 15~20kg。三是孕穗肥。亩施尿素 5~10kg。原则是：重施拔节肥，不忘孕穗肥。高粱的需水规律是：前期需水少，遇到严重干旱时可小浇；中期需水较多，应及时浇水；后期浇水要防倒。浇水应与追肥相结合，以充分发挥肥效。后期遇大雨要注意排涝。

（五）及时防治病虫害

防治蝼蛄、蛴螬、金针虫等地下害虫，可于播种前用 50%的辛硫磷乳油按 1∶10 的比例与已煮熟的谷子拌匀，堆闷后同种子一起播种或苗期于行间撒毒谷防治；蚜虫可用 0. 5%噻虫胺 · 颗粒剂喷雾防治；防治钻心虫可于喇叭口期用 50%辛硫磷乳油 1kg 对细砂 100kg 拌成毒砂，每亩 2. 5kg（每株 2~3 粒）撒于心叶；开花末期，高粱条螟、粟穗螟等发生时，可用20%速灭杀丁 2 000 倍液喷雾防治。治虫时，不要使用敌敌畏、敌百虫等农药，以防发生药害。

（六）及时收获

高粱籽粒在蜡熟期干物质积累已达最高值，其标志是穗部 90%的籽粒变硬，手掐不出水。此时收获，产量最高，品质最好。收后经 2~3d 晾晒、脱粒，待籽粒含水量小于 13%后，即可入库贮存。

参考文献

黄国勤, 2020. 稻田保护性耕作：理论、模式与技术［M］. 北京：中国农业出版社.

路战远, 2019. 北方农、牧交错区保护性耕作研究［M］. 北京：中国农业出版社.

刘欣, 逄焕成, 高希君, 2016. 保护性耕作技术 60 问［M］. 沈阳：辽宁大学出版社.

刘安东, 2014. 玉米保护性耕作技术问答［M］. 沈阳：沈阳出版社.